Ludivine Fadel

Micro-poutres résonantes en tant que capteur

Ludivine Fadel

Micro-poutres résonantes en tant que capteur

Application à la détection d'espèces chimiques en milieu gazeux

Presses Académiques Francophones

Impressum / Mentions légales
Bibliografische Information der Deutschen Nationalbibliothek: Die Deutsche Nationalbibliothek verzeichnet diese Publikation in der Deutschen Nationalbibliografie; detaillierte bibliografische Daten sind im Internet über http://dnb.d-nb.de abrufbar.
Alle in diesem Buch genannten Marken und Produktnamen unterliegen warenzeichen-, marken- oder patentrechtlichem Schutz bzw. sind Warenzeichen oder eingetragene Warenzeichen der jeweiligen Inhaber. Die Wiedergabe von Marken, Produktnamen, Gebrauchsnamen, Handelsnamen, Warenbezeichnungen u.s.w. in diesem Werk berechtigt auch ohne besondere Kennzeichnung nicht zu der Annahme, dass solche Namen im Sinne der Warenzeichen- und Markenschutzgesetzgebung als frei zu betrachten wären und daher von jedermann benutzt werden dürften.

Information bibliographique publiée par la Deutsche Nationalbibliothek: La Deutsche Nationalbibliothek inscrit cette publication à la Deutsche Nationalbibliografie; des données bibliographiques détaillées sont disponibles sur internet à l'adresse http://dnb.d-nb.de.
Toutes marques et noms de produits mentionnés dans ce livre demeurent sous la protection des marques, des marques déposées et des brevets, et sont des marques ou des marques déposées de leurs détenteurs respectifs. L'utilisation des marques, noms de produits, noms communs, noms commerciaux, descriptions de produits, etc, même sans qu'ils soient mentionnés de façon particulière dans ce livre ne signifie en aucune façon que ces noms peuvent être utilisés sans restriction à l'égard de la législation pour la protection des marques et des marques déposées et pourraient donc être utilisés par quiconque.

Coverbild / Photo de couverture: www.ingimage.com

Verlag / Editeur:
Presses Académiques Francophones
ist ein Imprint der / est une marque déposée de
AV Akademikerverlag GmbH & Co. KG
Heinrich-Böcking-Str. 6-8, 66121 Saarbrücken, Deutschland / Allemagne
Email: info@presses-academiques.com

Herstellung: siehe letzte Seite /
Impression: voir la dernière page
ISBN: 978-3-8416-2142-9

Copyright / Droit d'auteur © 2013 AV Akademikerverlag GmbH & Co. KG
Alle Rechte vorbehalten. / Tous droits réservés. Saarbrücken 2013

Table des matières

INTRODUCTION

CHAPITRE 1 : MICROCAPTEURS CHIMIQUES A STRUCTURES MOBILES

I. Capteurs chimiques de gaz 9
   1. Définition....................9
   2. Domaines d'application 10
   3. Principe et fonctionnement 10
   4. Une grande variété de capteurs chimiques gazeux 11
   5. Caractéristiques générales....................16

II. Capteurs chimiques à base de micropoutre....................18
   1. Présentation 18
   2. Principe du capteur....................19
   3. Fonctionnement en régime statique 20
   4. Fonctionnement en régime dynamique 23

III. Exemples de réalisation de microcapteurs de gaz à micropoutres 26
   1. Dispositif à mesure externe optique....................26
   2. Dispositifs à mesures intégrées 30

IV. Conclusion....................34

Références 35

CHAPITRE 2 : MODELISATION PHYSIQUE ET OPTIMISATION DU CAPTEUR

I. Fréquence de résonance d'une micropoutre simple....................40
   1. Paramètres géométriques 41
   2. Expression de la fréquence de résonance en flexion : mise en équation 41

II. Modification de la géométrie....................45
   1. Structures étudiées....................46

2. Modèle approché : méthode de Rayleigh 47
III. Simulations numériques : méthode des éléments finis 52
    1. Le logiciel ANSYS 52
    2. Comparaison entre le modèle et les simulations 52
    3. Résultats : validité du modèle 54
IV. Optimisation du capteur : étude de la sensibilité 54
    1. Sensibilité du capteur 54
    2. Différentes sensibilités 55
    3. Etude des sensibilités en fonction des paramètres géométriques 57
    4. Optimisation des paramètres 60
    5. Améliorations 62
    6. Comparaison avec les capteurs à ondes acoustiques 63
V. Conclusion 65
Références 67

CHAPITRE 3 : REALISATION ET CARACTERISATION DES MICROPOUTRES

I. Procédé technologique de fabrication des micropoutres ou microponts .. 68
    1. Description des différentes étapes technologiques 69
    2. Structures étudiées 74
    3. Composition d'une puce 75
    4. Mise en boîtier 76
II. Intégration du système 77
    1. Mode d'actionnement et mesure 77
    2. Mesure intégrée du mouvement 80
    3. Système de mesure de la fréquence de résonance 80
III. Mesures : Fonction de transfert 81
    1. Principe et mode de mesure 82
    2. Diagramme de Bode 82
IV. Fréquence de résonance 86

1. Modèle analytique 86
2. Corrélation entre modèle et résultats expérimentaux 86
V. Facteur de qualité 87
1. Définition 87
2. Modèle de Sader 88
3. Adaptation du modèle de Sader pour les micropoutres fabriquées 90
4. Corrélation entre les mesures et le modèle de Sader modifié 91
VI. Limite de détection : étude du rapport signal sur bruit 94
1. Estimation du signal 95
2. Estimation du bruit 96
3. Etude du rapport signal sur bruit et de la limite de détection 97
VII. Conclusion 101
Références 104

CHAPITRE 4 : MICROCAPTEURS CHIMIQUES DETECTION DE VAPEUR D'ETHANOL

I. Couche sensible 105
1. Technologie polymère 106
2. Propriétés mécaniques des polymères 107
3. Coefficient de partage : définition 108
4. Coefficient de partage : les différents termes (LSER) 109
5. Coefficient de partage : choix de la couche sensible 111
II. Polymères utilisés pour la détection de COV 112
1. Choix des polymères 112
2. Techniques de dépôt 116
3. Le banc de dépôt 117
III. Caractérisation de la couche sensible 119
1. Etat de surface 119
2. Mesure de l'épaisseur au profilomètre optique 120
3. Calcul de l'épaisseur 121

4. Corrélation entre les calculs et la mesure 125
IV. Influence de la couche sensible 126
    1. Effet de masse 126
    2. Sensibilité à l'effet de masse 127
    3. Comparaison des structures 128
V. Application à la détection de vapeurs d'éthanol 129
    1. Banc de dilution 129
    2. Mesures 130
    3. Exploitation des mesures 131
VI. Comparaison des performances avec d'autres capteurs 138
VII. Conclusion 140
Références 141
CONCLUSION

INTRODUCTION

Le concept de Microsystème est né, à la fin des années 1980, aux États-Unis, des actions conduites à l'université de Berkeley pour intégrer, sur une même puce de silicium, capteurs, traitement du signal et actionneurs. L'intégration de certains capteurs avec leur traitement de signal était déjà bien explorée depuis quelques années (capteurs thermiques, capteurs de vision, capteurs magnétiques de Hall...) ; la nouveauté tenait à l'intégration des actionneurs électrostatiques sous forme de moteurs rotatifs ou linéaires. Ce concept a très rapidement suscité un vif intérêt dans le monde. Appelés MEMS (Micro Electro Mechanical Systems) aux États-Unis, ces dispositifs sont appelés Micromachines au Japon et MST (Microsystèmes Technologies) en Europe. On utilise en France le terme de Microsystème.

De nos jours, les microsystèmes englobent une large gamme de produits dans de nombreux domaines. Les microsystèmes ou systèmes microélectromécaniques se décrivent assez bien par leur nom : le terme « Micro » se réfère à la taille (d'un micromètre à un millimètre), « Electro » annonce que l'électronique est impliquée et « mécanique » que des parties mobiles y sont incluses. Les microsystèmes se définissent donc par la réalisation d'un dispositif micrométrique intégrant ou combinant des éléments mécaniques avec de l'électronique sur un substrat commun.

Les raisons de cet intérêt et de la mobilisation qui s'en est suivie sont au moins au nombre de trois.

Par l'emploi des technologies de fabrication des circuits intégrés est rendue possible une *miniaturisation*. Cette dernière permet, grâce à une réduction de masse et de volume des éléments mécaniques, outre la résolution des problèmes d'encombrement, d'atteindre des performances attractives (fréquence de résonance élevée, temps de réponse court, sensibilités importantes). De plus, il est possible de co-intégrer sur un même substrat les fonctions de capteurs capables de mesurer les paramètres d'environnement (choc, accélération) et d'actionneurs pouvant réagir sur le monde extérieur.

La *multiplicité* inhérente au mode de fabrication rend possible le traitement parallèle qui mène à une fabrication en grande quantité et à faible coût, c'est à dire la fabrication de plusieurs millions de composants rapidement et simultanément.

INTRODUCTION

Enfin, pour exploiter la miniaturisation et la multiplicité, *une électronique de commande* adaptée est nécessaire. Celle-ci fournit « l'intelligence » aux dispositifs et permet de contrôler les actionneurs ou de traiter le signal recueilli. Elle peut être fabriquée soit séparément soit en co-intégration du microsystème.

En dix années, la situation a beaucoup évolué. De nombreux exemples de réalisations ont été explorés. Des premières générations de produits ont été commercialisées. On peut considérer aujourd'hui que la faisabilité est acquise et que l'on s'engage dans une deuxième grande étape de recherche-développement de produits nouveaux en vue de leur industrialisation. Ce recul de dix ans nous permet aussi de mieux délimiter le champ des microsystèmes : les microsystèmes se situent dans le prolongement de la microélectronique à laquelle ils empruntent le matériau (le silicium) et les technologies de base (photolithographie, oxydation, implantation, diffusion). Ils y introduisent de nouvelles opérations de micro-usinage (micro-usinage de volume, micro-usinage de surface, dépôts de couche actives sensorielles). Les microsystèmes s'interfacent avec de nombreuses méthodes et technologies développées dans d'autres disciplines : micromécanique, micro-optique, chimie et biochimie, dans une démarche d'intégration globale.

Le travail de thèse, ici exposé, vise à la réalisation en technologie microsystème de microcapteurs chimiques pour la détection d'espèces chimiques en milieu gazeux. Les applications des microcapteurs chimiques touchent des secteurs aussi variés que l'environnement, le médical, l'agroalimentaire, le contrôle de procédé, etc. Une alternative aux capteurs chimiques classiques est l'utilisation de micropoutres dont l'intérêt réside essentiellement dans leur très grande sensibilité et dans leur très faible encombrement. La modélisation des phénomènes physiques mis en jeu dans ces nouveaux microcapteurs ainsi que leur dimensionnement, leur mise en œuvre et leur caractérisation s'inscrivent logiquement dans la thématique engagée au sein du Laboratoire IXL en matière de microcapteurs et microsystèmes.

L'effet utilisé par ce type de capteur repose sur la modification des propriétés mécaniques d'une micropoutre recouverte d'une couche sensible. L'adsorption d'espèces chimiques par cette couche modifie : sa fréquence de résonance à cause de la modification de la masse du système mais également sa

INTRODUCTION

courbure due à la différence de contraintes mécaniques entre la micropoutre et la couche sensible après adsorption. La mesure de la fréquence de résonance de la micropoutre ou de sa flexion permet donc de détecter la présence d'une espèce chimique spécifique adsorbée par la couche sensible.

Ce mémoire présente les premiers travaux de recherche menés à l'IXL concernant les microcapteurs chimiques à base de micropoutres et comporte quatre chapitres.

Le premier chapitre replace l'étude des microcapteurs chimiques à base de micropoutres résonantes dans un contexte général. A partir d'exemples, les différents capteurs chimiques sont d'abord définis. Nous présentons ensuite le principe et les deux modes de fonctionnement (statique et dynamique) des microcapteurs à structures mobiles. Enfin, une synthèse bibliographique recense les capteurs à base de micropoutres déjà utilisés dans la littérature et nous donne des éléments de comparaison, en termes de sensibilité et de seuil de détection.

Pour le deuxième chapitre, l'étude s'est focalisée sur le fonctionnement de ces capteurs en régime dynamique (mesure de fréquence de résonance). Une modélisation analytique des phénomènes physiques mis en jeu est nécessaire pour déterminer l'expression de la fréquence de résonance d'une micropoutre mais également pour l'optimisation de la géométrie des structures. La deuxième partie du chapitre consiste à corréler les résultats théoriques, issus du modèle analytique, aux résultats de simulations numériques réalisés avec le logiciel d'éléments finis Ansys. La dernière partie présente l'optimisation du capteur à travers l'étude des sensibilités, préalablement définies, en fonction des paramètres géométriques (taille, forme et nature du matériau). Fort de cette étude des perspectives et des améliorations sont présentées.

La réalisation et la caractérisation des microstructures fait l'objet du troisième chapitre, dans lequel nous décrivons toutes les étapes du procédé technologique, les modes d'actionnement et de mesure choisis en vue de l'intégration du système, l'oscillateur réalisé pour la mesure de la fréquence de résonance et enfin la caractérisation des structures sans couche sensible. La partie caractérisation permet de déterminer expérimentalement la fréquence de résonance et le facteur de qualité. Les résultats expérimentaux ainsi obtenus sont comparés avec les modèles analytiques développés.

INTRODUCTION

Nous présentons dans le quatrième chapitre les matériaux polymères choisis comme couche sensible pour la détection de vapeurs d'alcool ainsi que la technique de dépôt utilisée. Les premiers essais réalisés avec l'oscillateur mettent en évidence la diminution de la fréquence de résonance en fonction de la masse additionnelle lors des dépôts de la couche sensible. Enfin, afin de valider le bon fonctionnement des capteurs chimiques vibrants réalisés, des détections de vapeur d'alcool (éthanol) sont réalisées à l'aide de la ligne à gaz du laboratoire.

Chapitre 1

Les progrès réalisés dans le domaine de l'élaboration de nouveaux matériaux, l'appui des technologies de pointes comme celle de la microélectronique, ont largement contribué au développement de différents types de capteurs pour des applications très variées. Depuis une décennie, nous assistons au développement croissant de systèmes de détection de gaz utilisant des microcapteurs. Cette dynamique est liée en tout premier lieu à la forte demande de secteurs aussi importants et variés que l'environnement, l'agroalimentaire, le génie biologique et médical, la domotique, le génie des procédés industriels et la sécurité civile et militaire. Nous nous proposons dans ce premier chapitre de définir et d'énumérer les différents capteurs chimiques à l'aide de quelques exemples : capteurs « semi-conducteurs », capteurs « potentiométriques », capteurs « catalytiques » ou encore capteurs à « fibre optique ». Nous présenterons ensuite les capteurs chimiques à base de micropoutres en explicitant leur origine et en détaillant les deux régimes de fonctionnement (dynamique et statique). Enfin, la dernière partie sera consacrée à l'illustration de quelques exemples de réalisation de microcapteurs chimiques gazeux à base de micropoutres, en mode statique et dynamique.

I. Capteurs chimiques de gaz

1. Définition

La fonction intrinsèque d'un capteur chimique est basée sur la reconnaissance dans son environnement immédiat d'une espèce chimique particulière en interférence avec une couche sensible. Cette reconnaissance s'accompagne d'une modification des propriétés physico-chimique de la couche sensible qui, par un procédé de transduction, génère un signal électrique, optique, mécanique ou thermique.

Par opposition aux méthodes classiques d'analyse, communément rencontrées dans les laboratoires de chimie analytique, ces systèmes sont destinés à faire des mesures sur site et doivent ainsi répondre à des exigences de miniaturisation, d'autonomie, de portabilité et surtout de simplicité d'utilisation. En fonction de l'application particulière à laquelle nous le destinons, le capteur sera également soumis à des contraintes de sensibilité, de sélectivité, de temps de réponse et de coût de fabrication qui devront être prises en considération dès les premières étapes de sa conception.

2. Domaines d'application

Les microcapteurs chimiques trouvent des applications dans de nombreux domaines :

- dans *l'automobile* : contrôle de la combustion, détection de polluants dans les gaz d'échappement, contrôle de la qualité de l'air injecté dans l'habitacle (détecteur d'humidité et de CO), contrôle du chauffage (détecteur d'O_2),

- dans la *domotique* : détection de fuites de gaz domestiques, détecteur d'humidité, de fumée, prévention de sinistre (dispositif d'alarme, détection d'odeurs),

- dans *l'industrie agroalimentaire* : pour le contrôle de qualité,

- dans *l'industrie chimique :* pour le contrôle en ligne des procédés de transformation,

- dans *le médical* : examens (mesure de pH sanguin, de densité de CO_2 sanguin), thérapie (mesure de gaz respiratoire, dispositif de contrôle de fonctionnement des organes artificiels, mesure des gaz anesthésiants),

- dans la *surveillance de l'environnement* : mesure de polluants aquatiques ou atmosphériques,

- dans *le domaine de la protection civile ou militaire* : détection de neurotoxiques, d'explosifs et de stupéfiants.

3. Principe et fonctionnement

D'une façon générale, un capteur est constitué d'un élément sensible, capable d'initier un signal, et d'un transducteur qui assure l'exploitation de ce signal (Figure I.1). L'acte élémentaire sur lequel repose son fonctionnement est la reconnaissance de la grandeur à analyser (mesurande). Cette reconnaissance se produit au sein d'une couche que l'on appellera « couche sensible », et se traduit généralement par la modification d'une propriété physique de cette couche. Cette modification est détectée puis convertie en un signal électrique directement analysable, grâce au « transducteur ». Enfin, le signal transmis est analysé et transformé en une information simple pour l'utilisateur (tension ou courant). Outre ces trois fonctions : *Reconnaissance, Transduction et Analyse*, nécessairement présentes dans tout capteur, une fonction d'amplification est utile pour accroître la sensibilité du capteur. Cette amplification peut être obtenue en amont du transducteur, par un mécanisme chimique ou biochimique (catalyse) ou bien en aval, grâce à un dispositif électronique.

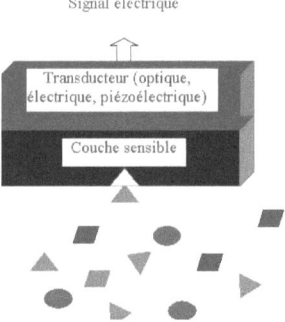

Figure I.1. Briques élémentaires constituant un capteur chimique

4. Une grande variété de capteurs chimiques gazeux

Dans la dernière décennie, la littérature scientifique se rapportant au thème des capteurs chimiques a été particulièrement féconde. Ainsi, de très nombreux capteurs, s'appuyant sur différents principes de la physique, ont été étudiés et il devient difficile d'établir une liste exhaustive. Cependant, il est possible de regrouper et classer les familles de capteurs suivant la nature du mécanisme de transduction. Les transducteurs les plus fréquemment proposés se repartissent en quatre grandes classes, selon que leur principe repose sur des phénomènes « électriques, électrochimiques, thermiques ou optiques ».

Electrique : capteurs de type semi-conducteur

Les capteurs à oxydes semi-conducteurs utilisent les variations de résistance de certains matériaux en présence de gaz spécifiques. Le choix du matériau dépend en particulier de la nature du gaz à détecter. Le cas le plus généralement rencontré est celui de la détection de gaz réducteurs (CO, CH_4, H_2, hydrocarbures...) dans l'air, donc en milieu oxydant. Pour cela, les oxydes métalliques à caractères semi-conducteurs constituent des matériaux bien adaptés. En effet, ils ne présentent pas une résistance électrique trop grande pour que l'on puisse effectivement mesurer des conductivités électriques avec de l'instrumentation classique. Les oxydes métalliques semi-conducteurs de type n, dans lesquels les porteurs majoritaires sont des électrons, peuvent être utilisés : l'adsorption d'un gaz réducteur, donneur d'électrons, conduit alors à une augmentation de la conductivité électrique (diminution de la résistance). Inversement, un semi-conducteur de type p sera utilisé pour la détection d'un gaz oxydant.

Les premiers brevets concernant ces matériaux ont été déposés en 1962 au Japon par Seiyama (ZnO) et par Tagushi (SnO_2). Leur exploitation a conduit à l'apparition du premier capteur semi-conducteur TGS à base de SnO_2 commercialisé en 1968 par la société Figaro, destiné à la détection des fuites de gaz domestiques (Figure I.2).

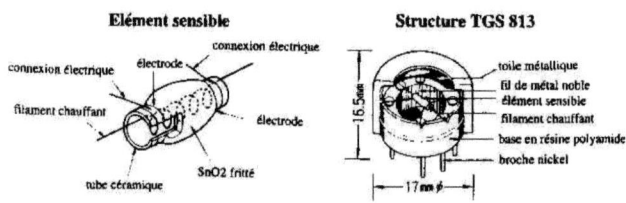

Figure I.2. Capteur SnO_2 Figaro (Japon), [1]

Ces capteurs, qui ont des temps de réponse inférieurs à 10s, sont capables de détecter des concentrations entre 0 et 1%. Egalement très sensibles, robustes et bon marché (10 à 50$ US), ils présentent cependant une faible sélectivité et sont sensibles à l'humidité.

Electrochimique : capteurs de type potentiomètrique

Dans ce cas ce sont les propriétés de transport de charges électriques de certains matériaux appelés électrolytes solides qui sont utilisées. Par opposition aux matériaux semi-conducteurs qui possèdent une conductivité électronique, avec ce type de capteur le transport est assuré par la migration d'ions (conduction ionique) ou de façon plus générale par des défauts ponctuels. Une modification de la concentration de l'espèce mobile à la surface du matériau (par exemple une consommation d'oxygène par un oxyde), provoque le déplacement des charges établissant un champ électrique entre la surface et le volume de l'électrolyte solide. Si les modifications ne peuvent pas agir sur l'ensemble de la surface de l'échantillon il en découle une dissymétrie qui se traduit par une force électromotrice issue de la loi de Nernst, image de la concentration du gaz. Ce mécanisme de transduction a été particulièrement utilisé pour les sondes à oxygène dans des applications automobiles.

L'exemple le plus connu est la sonde à oxygène *Lambda* commercialisée par la société Bosch (Figure I.3). Le système est constitué de deux cellules gazeuses séparées de façon étanche par un oxyde métallique utilisé comme électrolyte solide. Si l'on fixe la pression partielle d'oxygène dans un compartiment, il est alors possible de mesurer la pression partielle d'oxygène dans l'autre compartiment. Ce système permet de mesurer in situ des concentrations entre 0 et 25%, avec un temps de réponse inférieur à 5s, et offre une grande durée de vie.

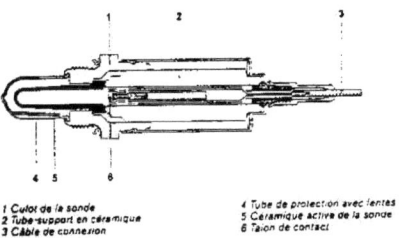

Figure I. 3. Sonde à oxygène BOSCH, [1]

L'utilisation des sondes d'oxygène décrit ci-dessus constitue le mode dit « cellule de concentration », mais cette même sonde peut être utilisée en mode « cellule de combustion ». On obtient alors un système électrochimique dans lequel un combustible est directement converti en courant électrique. Par exemple, l'oxydation du monoxyde de carbone CO à l'anode conduit à la formation d'électrons qui sont consommés à la cathode pour la réduction de l'oxygène. La mesure du courant circulant dans le circuit extérieur entre l'anode et la cathode permet de déduire la concentration du CO. De telles réactions d'oxydoréduction sont utilisées de façon analogue pour la détection de divers gaz tels qu'O_2, CO_2, NO, SO_2, Cl_2. Des concentrations de l'ordre de la centaine de ppm peuvent être détectées, notamment pour le gaz SO_2.

CHAPITRE 1

Thermique : capteurs de type catalytique

Les capteurs de type catalytique, appelés souvent « pellistors », sont des calorimètres miniatures utilisés pour mesurer l'énergie libérée lors de la combustion d'un gaz inflammable. Dans ce cas, le caractère exothermique du craquage d'un gaz au contact d'un catalyseur est directement utilisé. L'élément sensible est constitué d'un oxyde à grande surface spécifique supportant un catalyseur métallique et dans lequel est noyé un fil de platine. Ce fil a deux usages : d'une part, il sert à chauffer l'oxyde à la température de travail appropriée (entre 500 et 800°C) et d'autre part, il constitue le transducteur puisqu'il permet de mesurer les changements de températures (mesure de la résistance électrique) provoqués par l'oxydation des gaz inflammables. A noter toutefois que ces détecteurs nécessitent la présence d'oxygène et qu'ils ne permettent pas la détection de gaz dans des milieux non oxydants tels que l'azote pur par exemple. Ces capteurs sont utilisés pour la détection d'hydrocarbures dans l'air en particulier le méthane mais également pour d'autres gaz (C_4H_{10}, H_2, CH_3OH, NH_3...). Comme illustration d'un produit industriel, nous pouvons donner les caractéristiques des pellistors développés par la société EEV implantée en Grande-Bretagne (Figure I.4).

a)   b)

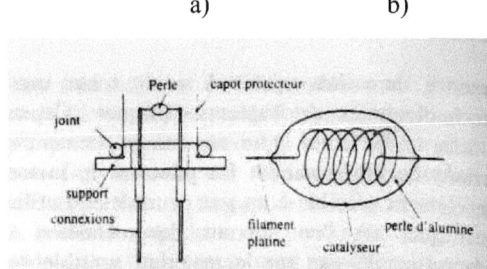

Figure I.4. Détecteur catalytique EEV (*G.B.*)
(a) : Détecteur complet, (b) : Détail de l'élément sensible, [2]

Optique : capteurs à fibres optiques

Le développement de ces capteurs découle des études qui ont été effectuées pour les télécommunications par fibre optique. L'amélioration au cours des vingt dernières années des performances des fibres optiques et des composants d'extrémité offre des solutions intéressantes pour la détection d'espèces chimiques. Nous pouvons distinguer deux types de capteurs à fibre optique : les *intrinsèques* et les *extrinsèques*, [2].Les capteurs intrinsèques peuvent être divisés en quatre classes : les capteurs réfractométriques, les capteurs à onde évanescente, les capteurs à modification du cœur et les capteurs à plasmon de surface. Cette division est bien évidemment assez arbitraire et certains capteurs sont à la frontière des deux classes. Pour un réfractomètre à fibre optique, le principe de base repose sur le fait que la présence d'un gaz à détecter modifie l'indice d'une substance organique, en général un polymère, qui joue le rôle de gaine optique. Cette modification conduit alors à une variation des conditions de propagation de la lumière dans le guide. Pour les capteurs à onde évanescente une partie de l'intensité lumineuse se propage dans la gaine d'un guide optique unimodal. Il y aura interaction avec l'onde si le milieu extérieur est fluorescent ou encore absorbant. Dans un capteur à modification du cœur, le gaz vient interagir directement avec le cœur de la fibre rendant poreux sur une faible longueur le matériau dont il est constitué. L'intérêt de ce genre de capteur est que le signal lumineux est très élevé car la majeure partie de la lumière est confinée dans le cœur. Une des applications pour ce type de capteur est la détection de monoxyde de carbone où le capteur est réalisé avec un polymère dans lequel est intégré du chlorure de palladium. Le spectre d'adsorption de ce matériau est immédiatement modifié par la présence de monoxyde de carbone. Enfin, le capteur à plasmon de surface est réalisé à l'aide d'une fibre optique en déposant une couche métallique entourée d'un polymère en contact avec le cœur sur la surface latérale de la fibre. L'interaction du gaz avec le polymère fait varier son indice de réfraction et son épaisseur se traduisant par un décalage en longueur d'onde de la résonance du plasmon. Lorsque le polymère est un polydiméthylsiloxane il est alors possible de détecter 20ppm de tétrachloroéthylène dans de l'air synthétique.

En France, trois laboratoires universitaires, le laboratoire Ingénierie et Fonctionnalisation des Surfaces (IFOS) de l'Ecole Centrale de Lyon, le Laboratoire d'Electromagnétisme et MicroOndes (LEMO) de l'Institut Polytechnique de Grenoble et le Laboratoire Traitement du Signal et Instrumentation (LTSI) de l'université Jean Monnet de Saint Etienne étudient en collaboration ce type de transducteurs optiques.

CHAPITRE 1

La première étude, menée par l'IFOS et le LTSI a permis de mettre au point un capteur de réfractométrique intrinsèque (Figure I.5) : le polymère est déposé sur la surface latérale d'une fibre optique multimodale directement en contact avec le cœur de la fibre en silice. La lumière est alors injectée sous forme d'un faisceau de rayons parallèles rendant ainsi le capteur très sensible à une variation de l'indice du polymère. Des variations d'indice de l'ordre de 2.10^{-5} sont alors enregistrées.

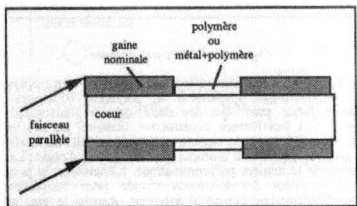

Figure I.5. Transducteur IFOS-LTSI [1]

Dans le cas des capteurs extrinsèques, l'extrémité de la fibre qui véhicule la lumière est équipée d'un transducteur, connu sous le nom d'optode. Le principe général des capteurs à optode est très simple : le détecteur a pour rôle d'enregistrer les variations d'intensité lumineuse, conséquences des variations de réflectivité induites par l'optode en interaction avec le gaz à détecter. Parmi toutes les optodes mentionnées dans la littérature, nous pouvons retenir les micromiroirs en palladium, les optodes interférométriques et les optodes fluorescentes comme les plus représentatives.

5. Caractéristiques générales

Les performances des capteurs sont très souvent explicitées par ce que nous appelons communément « la règle des 3 S », à savoir : Sensibilité, Sélectivité et Stabilité.

Sensibilité

Par définition, la sensibilité détermine l'évolution, en un point donné, de la grandeur de sortie (X), le plus souvent électrique, en fonction de la variable mesurée (concentration C_g pour un capteur chimique), (Figure I.6). Suivant la variété des capteurs, de nombreuses quantités peuvent représenter le signal de sortie.

Dans le cas des capteurs chimiques basés sur la variation de résistance en fonction du changement de concentration d'espèces gazeuses, il est possible d'utiliser pour le signal de sortie soit : R (résistance), R/R_0 (résistance relative) ou $(R-R_0)/R_0$ (variation relative de résistance).

Où R_0 est la valeur de référence considérée pour la normalisation.

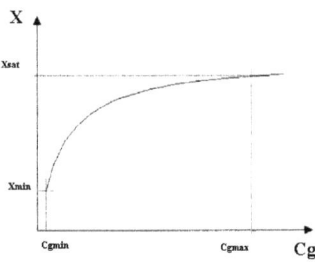

Figure I.6. Exemple de courbe de réponse d'un capteur : signal de sortie en fonction de la concentration [3]

La sensibilité du capteur est déterminée en calculant la pente de la tangente à la courbe issue de la caractéristique du capteur soit : $S = \partial X/\partial C_g$. Si la réponse du capteur est linéaire ou considérée comme telle, la sensibilité devient alors $\Delta X/\Delta C_g$. Plus la sensibilité sera élevée, plus la mesure sera précise. De même, plus la sensibilité sera élevée, plus la limite de détection, liée au bruit de mesure et à la sensibilité, sera faible.

Sélectivité

Par définition, la sélectivité est l'aptitude d'un capteur à répondre à seulement une espèce en présence de beaucoup d'autres. Le manque de sélectivité constitue la grande limitation actuelle des microcapteurs chimiques : en effet, la majorité des capteurs ne permettent qu'une sélectivité partielle. Le capteur pourra détecter un gaz de façon préférentielle par rapport à un autre (ou une famille d'autres gaz) mais ce dernier présentera toujours une réponse plus ou moins importante.

Stabilité

La stabilité conditionne tout le traitement de l'information possible en aval du capteur. Il faudra donc toujours vérifier que le signal ne dérive pas dans le temps afin que le traitement de l'information soit correct. Fort de ces trois paramètres, nous pouvons en ajouter un dernier tout aussi important, qui est le caractère réversible du capteur. Ce dernier lui confère la possibilité d'un retour vers l'état initial : la réponse du capteur ne dépend pas des évènements qui ont pu se produire antérieurement.

II. Capteurs chimiques à base de micropoutre

Aujourd'hui, de nouveaux microcapteurs à base de microstructures mobiles sont de plus en plus étudiés. Les principales motivations pour ces nouveaux capteurs sont liées à la miniaturisation (petite taille et faible surface active), à l'intégration de l'électronique de traitement sur la même puce, mais surtout à la possibilité d'atteindre, en terme de sensibilité et de seuil de détection, des performances prometteuses. Nous allons dans cette partie présenter les capteurs chimiques à base de micropoutres : après avoir rappelé leur origine et leur principe de fonctionnement, nous détaillerons les deux modes de fonctionnement (statique et dynamique) ainsi que leurs techniques de mesure associées.

1. Présentation

Après l'invention du microscope à effet tunnel (STM) limité à l'étude des échantillons conducteurs ou semi-conducteurs, Binning, Quate et Gerber *et.al* développèrent en 1986 le microscope à force atomique (Atomic Force Microscope AFM). Les microscopes à force atomique explorent une surface à l'aide d'une pointe sonde placée à l'extrémité libre d'une micropoutre élastique, couramment appelée microlevier. Les micropoutres utilisées sont en silicium ou dérivés du silicium (oxydes, nitrures et oxynitrures) d'environ 200µm de long, 20µm de large et 1µm d'épaisseur. Plusieurs types de forces sont impliqués dans l'interaction pointe/surface, dont la plus connue est la force de van der Waals. Les plus fines résolutions atteintes par ces microscopes permettent de descendre à l'échelle atomique. Cependant, cette technique de microscopie s'est révélée extrêmement sensible aux facteurs environnant comme les bruits acoustiques, l'humidité, la température ou encore la pression atmosphérique [4].

En 1994, deux groupes de recherches, l'un de l'Oak Ridge National Laboratory (USA) et l'autre d'IBM Zurich (Suisse) ont mis à profit le phénomène de dépendance des poutres vis à vis du milieu environnant pour mettre au point un nouveau type de microcapteurs physiques ou chimiques à base de micropoutres [5-7]. Depuis une dizaine d'année, de nombreux travaux et publications ont montré que ces microstructures mobiles pouvaient être utilisées aussi bien en milieu liquide qu'en milieu gazeux et permettent, à terme, la détection et la quantification d'espèces dans un mélange. En milieu gazeux, ces microsystèmes sont des capteurs de gaz ou d'humidité, par contre en milieu liquide ils sont utilisés essentiellement pour la détection de molécules biologiques spécifiques (réactions antigènes/anticorps) [8,9]. L'engouement pour ce nouveau type de capteur vient également de leurs procédés de fabrication relevant de la microélectronique. En effet, les techniques associées à la microélectronique allient les avantages de la miniaturisation des éléments sensibles, l'automatisation des procédés de fabrication et l'intégration de l'électronique de commande et de traitement de l'information.

2. Principe du capteur

L'effet utilisé par ce type de capteur chimique à base de micropoutre repose sur la modification des propriétés mécaniques de la micropoutre recouverte d'une couche sensible. L'adsorption d'espèces chimiques dans cette couche modifie ses caractéristiques physico-chimiques et par conséquent les propriétés mécaniques de la poutre. Les deux modifications essentielles sont :

- la variation de la fréquence de résonance (régime dynamique) due essentiellement à la modification de la masse du système (Figure I.7b a), [10-14].
- la variation du rayon de courbure et donc de la flexion de la poutre (régime statique) liées aux contraintes mécaniques induites entre la micropoutre et la couche sensible après adsorption (Figure I.7b), [15-18].

a) Régime dynamique   b) Régime statique

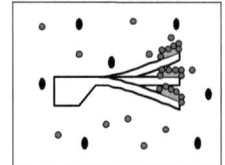 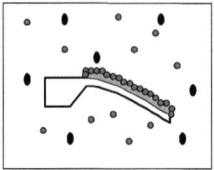

Figure I.7. (a) : Variation de la fréquence de résonance (b) : Variation de la flexion de la poutre

3. Fonctionnement en régime statique

En l'absence de forces gravitationnelles, magnétiques ou électrostatiques et en supposant qu'une seule surface de la poutre soit recouverte par la couche sensible, l'adsorption préférentielle de l'espèce cible par la couche crée des différences de tensions internes entre les deux matériaux, et provoque donc la flexion de la poutre. Ce phénomène de flexion apparaît également lorsque les coefficients de dilation thermique des deux matériaux sont différents (effet bilame), dans ce cas il est possible de détecter des variations de température de l'ordre de 10^{-5} K, ou encore des réactions exothermiques qui ont lieu en surface [4]. Les microcapteurs fonctionnant en régime statique traduisent la déformation mécanique induite par le mesurande en une variation de tension ou de courant. La plupart du temps à détection externe, ils font appel à la méthode de la déflexion laser « OBD » (Optical Beam Deflection).

3.1. Mesure externe de la flexion

La méthode de déflexion laser est une technique de mesure usuellement utilisée et directement inspirée de la microscopie à force atomique. Un rayon lumineux provenant d'un laser vient se réfléchir à la surface de la poutre et est alors intercepté par un photodétecteur de position [12], [17-18]. Les variations de l'amplitude de déplacement induisent une variation du photocourant détecté.

CHAPITRE 1

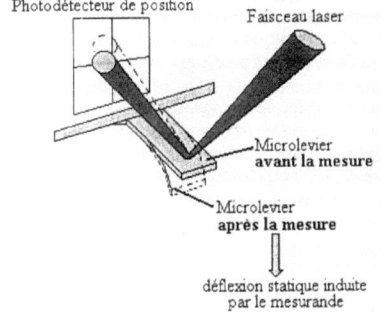

Figure I.8. Mesure de la flexion par méthode optique [19]

Cette technique de mesure est parfaitement maîtrisée et permet de mesurer des amplitudes de l'ordre de l'Angstrom pour une bande passante de plusieurs centaines de kHz. En contre partie, elle exige une focalisation très précise du faisceau laser à l'extrémité de la microstructure ce qui s'avère être un facteur limitant lorsque plusieurs structures sont utilisées simultanément. De plus, un autre élément à prendre en compte est l'encombrement du système : si la micropoutre occupe un espace restreint, le dispositif de mesure se révèle être par contre volumineux et l'intégration du système devient délicat.

3.2. Mesure intégrée de la flexion

Dans un souci de miniaturisation, l'idée première est d'intégrer lorsque cela est possible la détection pour que le capteur et l'électronique de mesure associée soient sur la même puce. Sur ce plan, la technologie des microsystèmes peut permettre d'obtenir une micropoutre à détection intégrée en combinant les procédés de fabrication de la technologie CMOS (Complementary Metal Oxyde Silicon) aux structures mécaniques vibrantes. Aujourd'hui, parmi les détections intégrées, la détection *piézorésistive*, la détection *capacitive* et la détection *piézoélectrique* figurent parmi les plus utilisées.

a) Détection piézorésistive

Le principe de la détection piézorésistive consiste à déposer des piézorésistances à la surface de la microstructure afin de transcrire le mouvement de la micropoutre en un signal électrique. Ce système est d'autant plus utilisé qu'il est précis et facile à mettre en œuvre : il s'agit de réaliser une piste piézorésistive à la surface du silicium (par exemple par dopage d'une zone). Dans le domaine de la microscopie à force, la mesure piézorésistive a été initiée par Tortonese *et al* [20]. Elle a été depuis adaptée avec succès au domaine des capteurs à structures mobiles notamment en intégrant cette piézorésistance dans un pont de Wheatstone [21-25]. La figure I.9 montre un exemple de dispositif du pont de Wheatstone où deux piézorésistances sont déposées à la surface des deux micropoutres : l'une pour la mesure et l'autre servant de référence. Ce montage permet de réaliser une mesure différentielle atténuant, par là-même, les phénomènes de dérives [26].

a)   b)

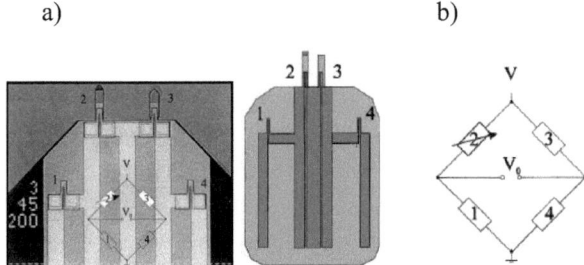

Figure I.9. Dispositif intégré avec pont de Wheatstone (a) : Image obtenue par AFM, (b) : Schéma représentatif du pont [26]

b) Détection capacitive

Pour ce type de détection, le dispositif consiste en la mesure de la capacité entre la poutre constituant l'armature mobile d'un condensateur et une électrode fixe placée en regard de la poutre. Toute vibration de la poutre modifie l'espace inter-électrodes du condensateur et donc implicitement la valeur de la capacité. La mesure de cette capacité présente entre les deux électrodes est alors directement liée à l'amplitude de la flexion [27-29].

c) Détection piézoélectrique

La piézoélectricité découverte par Jacques et Pierre Curie en 1880 désigne la propriété qu'ont certains matériaux de développer une charge électrique proportionnelle à la contrainte qui leur est appliquée, désigné par l'effet ***piézoélectrique direct*** et inversement de se déformer en fonction du champ électrique par l'effet ***piézoélectrique inverse***.

CHAPITRE 1

Pour les capteurs à microstructures mobiles, le phénomène utilisé est l'effet piézoélectrique direct permettant de détecter des déplacements de l'ordre du nanomètre [25], [30-31]. Pour ce type d'application, une couche piézoélectrique (oxyde de zinc ZnO, Titano-Zirconate de Plomb PZT) est déposée en film mince sur la surface de la microstructure. La flexion de la structure mobile va générer une contrainte dans le film piézoélectrique se traduisant par l'apparition de charges. Ce mode de détection est peu utilisé en mode statique à cause des courants de fuite importants mais reste néanmoins bien adapté pour les mesures en mode dynamique.

4. Fonctionnement en régime dynamique

En régime dynamique nous exploitons le caractère oscillatoire des poutres. Ces dernières doivent donc être mises en mouvement à leur fréquence de résonance propre : la sorption de composés gazeux par la couche sensible déposée, va venir modifier la masse équivalente M_{eq} du système (ou la raideur équivalente k_{eq}) et par conséquent la fréquence de résonance mécanique de l'ensemble : $f_0 \approx \dfrac{1}{2\pi}\sqrt{\dfrac{k_{eq}}{M_{eq}}}$ [32].

Ainsi, en mesurant la variation de fréquence de la micropoutre il est possible de détecter la présence d'une espèce chimique spécifique et de déterminer la quantité (ou concentration) adsorbée par la couche.

4.1. Mise en mouvement de la poutre

Sous l'effet de l'agitation thermique, les micropoutres sont animées de vibrations "naturelles" qui induisent un mouvement d'oscillation de la poutre. En outre, ce mouvement étant souvent trop faible (rapport signal/bruit trop petit) pour être exploité, la mise en oscillation des micropoutres nécessite généralement un microactionneur dont l'excitation peut être de différentes natures : *piézoélectrique* [33-35], *électromagnétique* [22], *électrostatique* [11], [28-29], ou encore *thermoélectrique* [21].

a) Actionnement piézoélectrique

Le principe de l'actionnement piézoélectrique repose sur l'effet « *piézoélectrique inverse* » Ainsi, lorsqu'un matériau piézoélectrique est soumis à un champ électrique sinusoïdal, le matériau se met à vibrer. L'actionnement piézoélectrique peut-être *intégré*, si le matériau piézoélectrique est partie intégrante de la structure. En appliquant une tension aux bornes d'une couche piézoélectrique par exemple (PZT) déposée à la surface de la poutre, la contraction de la couche induit, par effet bilame la flexion de la poutre (Figure I.10). Des exemples d'actionnement piézoélectrique dans le cadre des capteurs chimiques ont été proposés soit en utilisant le matériau piézoélectrique seul comme structure mobile soit en utilisant l'effet bilame, [30], [36].

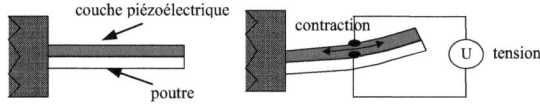

Figure I.10. Principe de l'actionnement piézoélectrique [37]

Il peut être aussi externe lorsque l'excitation est obtenue à l'aide d'une céramique piézoélectrique directement collée à la structure. La vibration du support entraîne la vibration de l'encastrement de la poutre et donc par inertie l'oscillation de la poutre.

b) Actionnement électromagnétique

Une des techniques d'actionnement électromagnétique repose sur la génération d'un champ magnétique continu $\vec{B}$, créé par un aimant, agissant sur un conducteur parcouru par un courant électrique alternatif. De cette interaction résulte la force de Laplace permettant l'oscillation de la poutre [21-22], (Figure I.11).

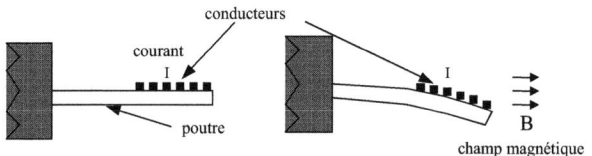

Figure I.11. Principe de l'actionnement électromagnétique [37]

CHAPITRE 1

c) Actionnement électrostatique

Pour ce type d'actionnement la micropoutre est excitée sous l'action d'une force électrostatique créée par un champ électrique entre deux électrodes : une des électrodes constitue la partie mobile alors que l'autre reste fixe (Figure I.12).

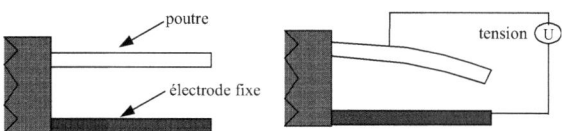

Figure I.12. Principe de l'actionnement électrostatique [37]

d) Actionnement thermoélectrique

Ce mode d'actionnement consiste à faire passer un courant électrique dans une résistance placée à l'encastrement de la poutre : l'échauffement local de la microstructure et donc l'augmentation de la température génère la flexion de la poutre due à la différence des coefficients d'expansion thermique des deux matériaux (effet bilame), [21].

4.2. Principe de mesure de la fréquence de résonance

Le mouvement de la poutre est d'abord mesuré suivant l'un des quatre cas (optique externe, piézoélectrique, piézorésistif ou capacitif) évoqués précédemment pour la mesure de la flexion en régime statique. A partir de cette mesure la fréquence de résonance peut être déduite. La première façon d'obtenir la fréquence de résonance est de réaliser une analyse spectrale. Cependant, pour éviter d'avoir recours à un balayage en fréquence de l'excitation il est possible d'effectuer la mesure à l'aide d'un montage électronique de type oscillateur. La partie électronique qui réalise l'oscillateur se contente d'amplifier le signal électrique délivré par le système de mesure du mouvement pour le réinjecter en phase vers l'excitation de la poutre (Figure I.13). La microstructure mobile avec son excitation et sa mesure intégrée est insérée dans la boucle de rétroaction positive de l'amplificateur et constitue ainsi un oscillateur vérifiant les conditions d'oscillations de Barkhausen.

CHAPITRE 1

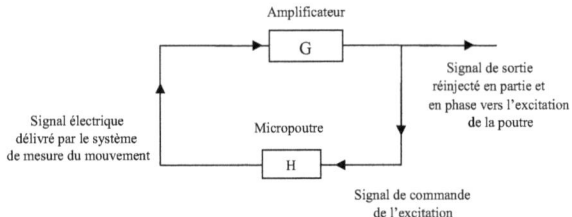

Figure I.13. Schéma de principe d'un amplificateur contre-réactionné

Ce montage électronique constituant l'oscillateur est extrêmement intéressant puisqu'il permet de se caler précisément à la fréquence de résonance de la structure mobile, et ainsi de suivre « en temps réel » l'évolution de la variation de fréquence de résonance lors de la sorption des molécules gazeuses par la couche sensible.

III. Exemples de réalisation de microcapteurs de gaz à base de micropoutres

Avant de présenter dans les chapitres suivants nos travaux sur les capteurs à base de micropoutres, nous allons présenter des publications déjà parues sur ce sujet : celles-ci relatent les travaux de divers laboratoires, parmi eux, l'Oak Ridge National Laboratory (U.S.A), l'université de Tübingen en Allemagne, le Physical Electronics Laboratory de l'ETH Zurich ou encore la division recherche de l'Institut de Microélectronique en Grèce. Cette troisième partie consiste donc à faire une étude bibliographique des différents microcapteurs chimiques déjà existants en explicitant les systèmes de mesures utilisés, les couches sensibles associées aux espèces cibles à détecter et enfin l'ordre de grandeur des sensibilités ou seuil de détection obtenus. Dans les exemples que nous allons citer nous différencierons les capteurs à détection non intégrée utilisant une mesure externe optique à ceux au contraire présentant une intégration totale de la mesure.

1. Dispositif à mesure externe optique

En décrivant dans un premier temps les travaux de Datskos *et.al*, de Oak Ridge National Laboratory, [18] puis de Maute *et.al* de l'université de Tübingen en Allemagne [12], nous allons illustrer le fonctionnement en régime statique et dynamique d'un capteur de gaz à base de micropoutres utilisant la mesure optique.

1.1. Régime statique

L'étude présentée ici pour illustrer le fonctionnement d'un microcapteur en régime statique, est menée par l'équipe de recherche de Datskos et décrit la détection du 2-mercaptoethanol (HS-CH_2-CH_2-OH) à partir de microstructures recouvertes d'une fine couche d'or (50 nm d'épaisseur). Ce dernier interagit avec les composés soufrés en formant des mono-couches auto-assemblées. La micropoutre utilisée est une micropoutre en nitrure de silicium en forme de V, couramment employée et commercialisée en microscopie à force atomique (têtes de mesure), et de très petites dimensions (longueur 200 µm, largeur 20 µm et épaisseur 0.6 µm). Lorsque l'adsorption des molécules se confine préférentiellement sur un seul des côtés de la poutre, le phénomène s'ajoutant à la variation de la fréquence de résonance de la structure est la flexion de la poutre due essentiellement à une différence de tension de surface. Le système de détection de la flexion est une mesure externe optique : une diode laser est focalisée en bout de poutre utilisant un grossissement de 20 pour l'objectif du microscope. Dans le but de minimiser l'échauffement local dû au faisceau laser, le pouvoir optique est réduit en plaçant un filtre (de densité optique égale à un) entre le laser et l'objectif. Une photodiode est ensuite utilisée pour réceptionner les rayons réfléchis. Le courant de sortie de la photodiode dépend linéairement de la flexion de la poutre et est contrôlé puis enregistré par un convertisseur avant d'être envoyé vers un amplificateur (Figure I.14).

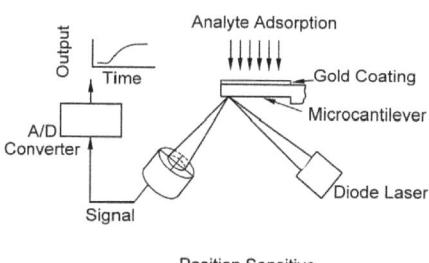

Figure I.14. Schéma du dispositif utilisé pour la mesure optique de la flexion [18]

La figure I.15a montre les mesures effectuées avec le capteur pour une gamme de concentration en 2-mercaptoethanol allant de 65 à 350 ppb. Le temps t = 0 correspond au moment où le 2-mercaptoethanol est introduit dans la chambre. Le temps de réponse obtenu est assez court et lorsque l'équilibre est atteint la flexion de la poutre prend une valeur maximale. Comme le montre la figureI 15b, la flexion de la poutre évolue linéairement avec la concentration (z = 24.8 nm pour 65 ppb) et la sensibilité du capteur est de 0.432 nm/ppb.

(a) (b)

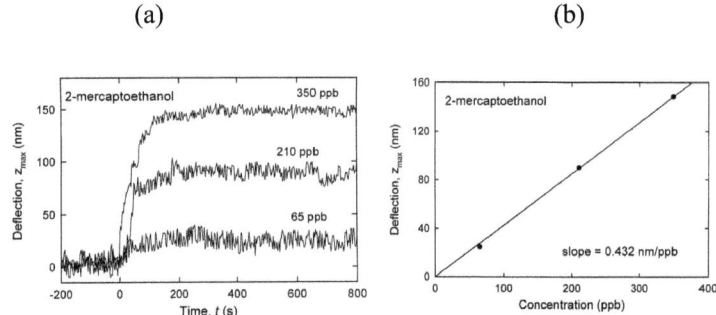

Figure I.15. (a) : Signal de réponse du capteur pour différentes concentrations, (b) : Mesure de la flexion en fonction de la concentration de 2-mercaptoethanol [18]

Avec ce système de mesure optique, sachant que la flexion minimale pouvant être mesurée est de 10 nm, la limite de détection que peuvent atteindre ces microcapteurs est de l'ordre de 23 ppb.

1.2. Régime dynamique

Le deuxième cas étudié illustre les travaux de Maute *et.al*, et consiste à détecter divers composés organiques volatils (COV) tels que le n-octane, le toluène ou le n-butanole. Les micropoutres employées sont en silicium d'orientation cristalline <100>, avec une fine couche de nitrure de silicium (760 nm) déposée par voie chimique. Au moyen de procédés lithographiques et par gravure chimique, la poutre de longueur 280 µm est alors définie et réalisée. Afin d'améliorer la réflexion du rayon issu du laser, une couche d'or (50 nm) est déposée sur une des faces de la poutre. Préalablement, un dépôt de chrome (5 nm) est effectué sur la poutre assurant ainsi une meilleure adhésion de la couche d'or.

La poutre se met en oscillation, sans excitation à fréquence fixée, mais uniquement par agitation thermique du gaz environnant. La fréquence de résonance est ensuite déterminée par mesure externe optique (Figure I.16) dérivant des techniques de l'AFM : le signal issu de la déflexion laser est mesuré avec un analyseur HP3561 et converti en FFT (Transformé de Fourrier discrète).

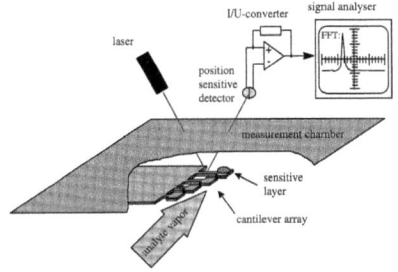

Figure I.16. Dispositif expérimental pour la détection optique [12]

Les micropoutres sont recouvertes d'un polymère sensible aux COV (n-octane, toluène, n-butanole), le polydiméthylsiloxane (PDMS) et exposées alternativement à des vapeurs de concentrations connues de n-octane.

La figure I.17 montre la fréquence du premier mode de résonance d'une micropoutre pour différentes concentrations de n-octane.

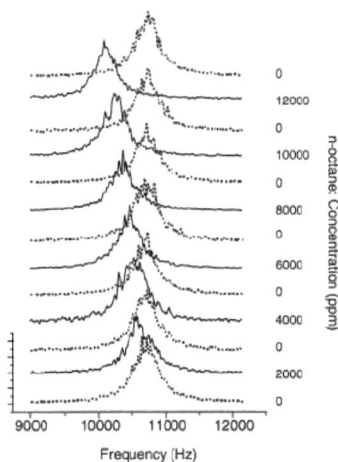

Figure I.17. Courbes de résonance du premier mode d'une poutre recouverte de PDMS pour différentes concentrations de n-octane [12]

Les résultats obtenus montrent la réversibilité du mécanisme ce qui reste un avantage important pour les applications des microcapteurs chimiques en milieu gazeux. Le graphe suivant (Figure I.) montre que le PDMS n'est pas uniquement réactif avec le n-octane. En effet, il donne une bonne réactivité vis à vis d'autres interférents comme le toluène et le n-butanole. Avec ces trois composés, le PDMS possède un coefficient de partage différent. Ainsi, pour une même concentration de chaque composé, les variations de fréquence obtenues sont différentes.

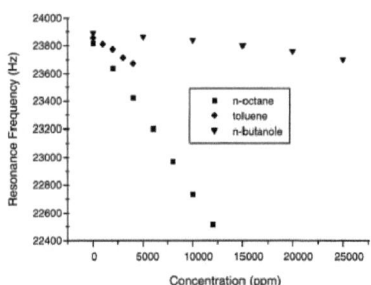

Figure I.18. Fréquence de résonance de la poutre avec du PDMS en fonction de la concentration de toluène, n-octane, et n-butanole [12]

En conclusion, cette étude montre que la couche sensible utilisée (PDMS) présente une grande affinité avec les molécules apolaires particulièrement le n-octane et offre pour de petites concentrations de n-octane des sensibilités de l'ordre de 0.0988 Hz/ppm.

2. Dispositifs à mesures intégrées

D'une manière générale, les méthodes optiques sont très bien maîtrisées et assurent une bonne précision et une reproductibilité de la mesure. Mais avec cette méthode de mesure reste le problème inhérent à la sollicitation d'éléments extérieurs (diode laser, photo-détecteur) à savoir l'encombrement du système. Les tendances actuelles se tournant vers la miniaturisation et l'intégration des microsystèmes, les travaux de recherche de Chatzandroulis *et.al* de l'institut de Microélectronique en Grèce [27], [38] montre dans un premier temps cet effort d'intégration en réalisant un capteur de type capacitif. Pour aller plus loin, Hagleitner *et.al* et son équipe du Physical Electronics Laboratory de l'ETH,

Zurich [21], illustrent parfaitement la notion de système totalement intégré pour la détection de composés organiques volatils (COV).

2.1. Réalisation d'un capteur de type capacitif (régime statique)

Parmi les principaux types de détection intégrée, les plus privilégiées sont en général la détection piézoélectrique, la détection piézorésistive et la détection capacitive. Le groupe de recherche de Chatzandroulis *et.al* s'est intéressé à la réalisation d'un microcapteur capacitif d'humidité [27]. L'adsorption de molécules d'eau par une couche polymérique hydrophile, un polyimide, induit des tensions de surface et fait fléchir la poutre faisant ainsi varier la capacité entre la structure mobile et le substrat resté fixe. Pour amorcer sa polymérisation le polyimide est recuit à 400°C, l'évaporation du solvant s'accompagne d'un phénomène de contraction de la couche (réduction d'au moins 40%) induisant par là même, une flexion de la poutre vers le haut (Figure I.19). Cette méthode est très intéressante puisqu'elle permet au dispositif de ne pas coller au substrat pour de forts taux d'humidité. En effet, en présence d'air ambiant chargé d'humidité, le polyimide "gonfle" et les contraintes induites tendent à faire revenir la poutre dans sa position initiale.

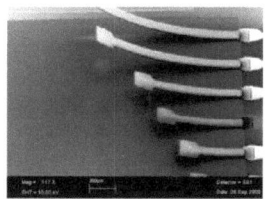

Figure I.19. Poutres flambées après recuit du polyimide (image MEB), [27]

Les tests sous humidité sont réalisés dans une chambre de mesure où la température et le taux d'humidité sont contrôlés à ±0.1% et ±0.1°C. La figure I.20 représente la réponse de cinq capteurs de différentes longueurs : les capteurs d'humidité montrent une sensibilité moyenne de 1fF/% d'humidité pour des taux d'humidité inférieurs à 65% puis une brusque augmentation atteignant une valeur de 6fF/% à 95% d'humidité.

CHAPITRE 1

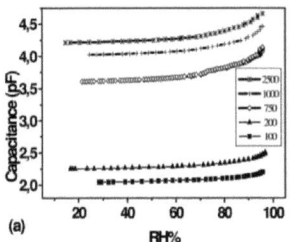

Figure I.20. Variation de la capacité en fonction du taux d'humidité pour cinq capteurs de différentes longueurs [27]

Comparé aux sensibilités que peuvent offrir d'autres microcapteurs, celui que nous venons de décrire est moins sensible mais présente un nouveau mode de transduction pour lequel la variation de capacité est due à la flexion de la poutre elle même liée aux contraintes induites par la présence d'un matériau polymère hydrophile.

2.2. Réalisation d'un capteur pour la détection de COV (régime dynamique)

L'idée de base utilisée par l'équipe de Hagleitner *et al* est de combiner les technologies CMOS (Complementary Metal Oxyde Semiconductor) aux structures mécaniques vibrantes dans le but de réaliser un système où le capteur et l'électronique de mesure sont intégrés sur une même puce [21]. La technologie CMOS est une technologie planaire destinée au développement des systèmes à très haute échelle d'intégration permettant la réalisation de circuits électroniques à faible coût et à basse consommation. Dans cet exemple, les poutres fabriquées en silicium par un procédé industriel 0.8µm, double métal CMOS combiné aux techniques de micro-usinage, sont constituées de plusieurs couches diélectriques : oxyde de silicium SiO_2 et nitrure de silicium SiN_x, et leurs dimensions sont de l'ordre de 150 µm de long, 150 µm de large et environ 10 µm d'épaisseur.

La mise en mouvement de la poutre se fait par actionnement thermoélectrique : l'échauffement local de la microstructure provoqué par la circulation d'un courant électrique dans une résistance intégrée à la poutre, génère par effet bilame sa flexion. La détection de ces oscillations se fait alors par l'intermédiaire de piézorésistances disposées en pont de Wheatstone, sous l'effet des déformations des piézorésistances, le pont délivre une tension de sortie. L'ensemble constitue un oscillateur intégré fonctionnant à la fréquence de résonance de la poutre (380 kHz). La couche sensible employée avec ces dispositifs est le polymère PEUT (Polyétheruréthane) sensible aux COV (éthanol, toluène, n-octane...).

La figure I.21 correspondant à des mesures d'éthanol et de toluène faites à des concentrations respectives de 1200 à 3000 ppm et de 1000 à 3000 ppm avec une épaisseur de PEUT égale à 4µm. La limite de détection du capteur est estimé pour l'éthanol entre 10 et 12 ppm et entre 1 et 2 ppm pour le toluène.

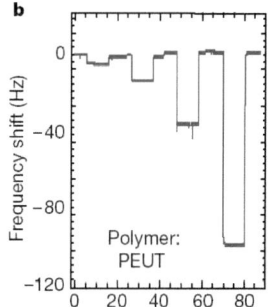

Figure I.21. Réponse du capteur à des concentrations d'éthanol et de toluène [21]

IV. Conclusion

Dans ce premier chapitre nous avons commencé par un état de l'art des capteurs chimiques : après avoir présenté le principe général de fonctionnement, nous avons énuméré, au travers de quelques exemples, différents types de capteurs depuis les capteurs à oxydes semi-conducteurs jusqu'aux capteurs catalytiques, type « Pellistors ». Cette étude nous a permis de replacer les capteurs à base de micropoutres, qui font l'objet de cette thèse, dans un contexte général.

Les premières constatations montrant que les poutres standard utilisées pour la microscopie à force atomique (AFM) étaient sensibles aux paramètres extérieurs comme la pression, la température ou encore l'humidité, ont ouvert la voie de l'application des micropoutres en tant que capteurs chimiques. Depuis, l'évolution de ces dispositifs est croissante et très prometteuse, surtout en termes de sensibilité et de miniaturisation. L'attrait particulier pour ce type de capteur est renforcé par la possibilité d'une fabrication collective découlant des technologies de la microélectronique et permettant, par là même, l'intégration de l'électronique de mesure sur une même puce. Dans le cas de notre étude, l'application principale pour ce type de microsystème est de pouvoir détecter et quantifier une espèce cible dans un mélange gazeux et ainsi de réaliser un capteur chimique de gaz. Le mode de transduction associé à ce type de capteur permet de les utiliser suivant deux régimes de fonctionnement « statique ou dynamique » offrant ainsi plusieurs techniques de mesures et différents avantages suivant les applications ciblées.

Les premières publications relatant de l'utilisation de microstructures mobiles en tant que capteurs chimiques sont apparus en 1994. Depuis, de nombreuses équipes de recherche ont montré leur engouement pour ce nouveau mode de transduction. La troisième partie de ce chapitre fait état d'une étude bibliographique sur les microcapteurs chimiques à base de micropoutres et a eu pour but de recenser les différents systèmes de mesures utilisés jusqu'à présent ainsi que de lister les différentes substances détectées en précisant, si possible, la sensibilité ou la limite de détection du microcapteur.

CHAPITRE 1

Références

[1] C. Pijolat, Microcapteurs de gaz élaborés à partir de matériaux solides, chapitre 2, Les Capteurs Chimiques ouvrage du CMC2.
[2] H. Gagnaire, Capteurs optiques pour la détection de gaz, chapitre 6, Les Capteurs Chimiques ouvrage du CMC2.
[3] A. D'Amico, C. Di Natale, A contribution on some basic definitions of sensors properties, *IEEE Sensors Journal, vol. 1, pp. 183-190, (2001)*.
[4] M. Sepaniak, P. Datskos, N. Lavrik, C. Tipple, Microcantilever transducers : a new approach in sensor technology, *Analytical Chemistry, pp. 568A-575A, (2002)*.
[5] T. Thundat, R.J. Warmack, G.Y. Chen, D.P. Allison, Thermal and ambient-induced deflections of scanning force microscope cantilevers, *Applied Physics Letters 61, n°21, pp. 2894-2896, (1994)*.
[6] J.R. Barnes, R.J. Stephenson, M.E. Welland, C.H. Gerber, J.K. Gimzewski, Photothermal spectroscopy with femtojoule sensitivity using a micromechanical device, *Nature, 372, pp. 79-81, (1994)*.
[7] A. Schroth, K. Sager, G. Gerlach, A. Häberli, T. Boltshauser, H. Baltes, A resonant Polyimid-based humidity sensor, *Sensors and Actuators B, 34, pp. 301-30, (1996)*.
[8] M. Alvarez, A. Calle, J. Tamayo, L.M. Lechuga, A. Abad, A. Montoya, Development of nanomechanical biosensors for detection of the pesticide DDT, *Biosensors and Bioelectronics, 18, pp. 649-653, (2003)*.
[9] C. Grogan, R. Raiteri, G.M. O'Connor, T.J. Glynn, V. Cunningham, M. Kane, M. Charlton and D. Leech, Characterisation of an antibody coated microcantilever as a potential immuno-based biosensor, *Biosensors and Bioelectronics, 17, pp. 201-207, (2002)*.
[10] P.I. Oden, Gravimetric sensing of metallic deposits using and end-loaded microfabricated beam structure, *Sensors and Actuators B, 53, pp. 191-196, (1998)*.
[11] B.H. Kim, D.P. Kern, S. Raible, U. Weimar, Fabrication of micromechanical mass-sensitive resonators with increased mass resolution using SOI substrate, *Microelectonic Engineering, 61-62, pp. 947-953, (2002)*.

[12] M. Maute, S. Raibe, F.E. Prins, D.P. Kern, H. Ulmer, U. Weimar, W. Göpel, Detection of volatile organic compounds (VOCs) with polymer-coated cantilevers, *Sensors and Actuators B, 58, pp. 505-511, (1999)*.
[13] M.K. Baller, H.P. Lang, J. Fritz, C. Gerber, J.K. Gimzewski, U. Drechsler, H. Rothuizen, M. Despont, P. Vettiger, F.M. Battiston, J.P. Ramseyer, P. Fornaro, E. Meyer, H.J. Güntherodt, A cantilever array-based artificial noise, *Ultramicroscopy, 82, pp. 1-9. (2000)*.
[14] T.A. Betts, C.A. Tipple, M.J. Sepaniak, P.G. Datskos, Selectivity of chemical sensors based on micro-cantilevers coated with thin polymer films, *Analytica Chimica Acta, 422, pp. 89-99, (2000)*.
[15] R. Raiteri, G. Nelles, H.J. Butt, W. Knoll, P. Skladal, "Sensing of biological substances based on the bending of microfabricated cantilevers", *Sensors and Actuators B, 61, pp. 213-217, (1999)*.
[16] A.M. Moulin, S.J. O'Shea, M.E. Welland, Microcantilever-based biosensors, *Ultramicroscopy, 82, pp. 23-31, (2000)*.
[17] F.M. Battiston, J.P. Ramseyer, H.P. Lang, M.K. Baller, Ch. Gerber, J.K. Gimzewski, E. Meyer H.J. Güntherodt, A chemical sensor based on a microfabricated cantilever array with simultaneous resonance-frequency and bending read-out, *Sensors and Actuators B, 77, pp. 122-131, (2001)*.
[18] P.G Datskos, I. Sauers, Detection of 2-mercaptoethanol using gold-coated micromachined cantilevers, *Sensors and Actuators B, 61, pp. 75-82, (1999)*.
[19] Liviu NICU, Etudes théoriques et expérimentales du comportement mécanique de microstructures de type levier ou pont. Applications à la mesure de la viscosité de liquides et à la caractérisation électrique de nanostructures, *Thèse de l'Université Paul Sabatier, Toulouse III, 12 octobre 2000*.
[20] M. Tortonese, H. Yamada, R.C. Barrett, C.F. Quate, Atomic force microscopy using a piezoresistive cantilever, *Proceedings of Transducers 91, IEEE International Conference on Solid-State Sensors and Actuators, Piscataway, NJ, USA, pp. 448-451, (1991)*.
[21] C. Hagleitner, A. Hierlemann, D. Lange, A. Kummer, N. Kerness, O. Brand, H. Baltes, Smart single-chip gas sensor microsystem, *Nature, vol. 414, pp. 293-296, (2001)*.
[22] C. Vancura, M. Rüegg, Y. Li, D. Lange, C. Hagleitner, O. Brand, A. Hierlemann, H. Baltes, Magnetically actuated CMOS resonant cantilever gas

sensor for volatile organic compounds, *Transducers'03, the 12th International Conference on Solid-State Sensors, Actuators and Microsystems, Boston, USA, pp. 1355-1358, (2003)*.
[23] A. Boisen, J. Thaysen, H. Jensenius, O. Hansen, Environmental sensors based on micromachined cantilevers with integrated read-out, *Ultramicroscopy, 82, pp. 11-16, (2000)*.
[24] H. Jensenius, J. Thaysen, A.A. Rasmussen, L.H. Veje, O. Hansen, A. Boisen, A microcantilever-based alcohol vapor sensor-application and response model, *Applied Physics Letters 76, n°18, pp. 2615-2617, (2000)*.
[25] B. Rogers, L. Manning, M. Jones, T. Sulchek, K. Murray, B. Beneschott, J. D. Adams, Z. Hu, T. Thundat, H. Cavazos, S.C. Minne, Mercury vapor detection with a self-sensing, resonating piezoelectric cantilever, *Review of Scientific Instruments, Volume 74, Issue 11, pp. 4899-4901, (2003)*.
[26] J. Thaysen, A. Boisen, O. Hansen, S. Bouwstra, Atomic force microscopy probe with piezoresistive read-out and a highly symmetrical Wheatstone bridge arrangement, *Sensors and Actuators A, 83, pp. 47-53, (2000)*.
[27] S. Chatzandroulis, A. Tserepi, D. Goustouridis, P. Normand, D. Tsoukalas, Fabrication of single crystal Si cantilevers using a dry release process and application in a capacitive-type humidity sensor, *Microelectonic Engineering, 61-62, pp. 955-96, (2002)*.
[28] G. Abadal, Z.J. Davis, B. Helbo, X. Borrisé, R. Ruiz, A. Boisen, F. Campabadal, J. Esteve, E. Figueras, F. Perez-Murano, N. Barniol, Electromechanical model of a resonating nano-cantilever-based sensor for high-resolution and high-sensitivity mass detection, *Nanotechnology, (12), pp. 100-104, (2001)*.
[29] Z.J Davis, G Abadal, O Kuhn, O Hansen, F Grey, A Boisen, "Fabrication and characterization of nanoresonating devices for mass detection", *Journal of vacuum science and technology, B, 18, n°2, pp. 612-616, (2000)*.
[30] J.W. Yi, W.Y. Shih, Effect of length, width, and mode on the mass detection sensitivity of piezoelectric unimorph cantilevers, *Journal of Applied Physics, 91, pp. 1680-1686, (2002)*.
[31] J D. Adams, G. Parrott, C. Bauer, T. Sant, L. Manning, M. Jones, B. Rogers, D. McCorkle, T.L. Ferrell, Nanowatt chemical vapor detection with a self-

sensing, piezoelectric microcantilever array, *Applied Physics Letters, Vol. 83, Issue 16, pp. 3428-3430, (2003).*
[32] R.D. Blevins, Formulas for natural frequency and mode shape, *Van Nostrand Reinhold Company, (1979).*
[33] D. Accoto, M.C. Carrozza, P. Dario, Modelling of micropumps using unimorph piezoelectric actuator and ball valves, *Journal of Micromechanics and Microengineering, (10) pp. 100-104, (2001).*
[34] M. Koch, N. Harris, A.G.R. Evans, N.M. White, A. Brunnschweiler, A novel micromachined pump based on thick-film piezoelectric actuation, *Sensors and Actuators A, 70, pp. 98-106, (1998).*
[35] R. Linnermann, P. Woias, C.D. Senfft, J.A. Ditterich, A self priming and bubble-tolerant piezoelectric micropump for liquids and gases, *IEEE Micro Electro Mechanical System Workshop, Heidelberg, Germany, pp. 532-537, (1998).*
[36] J. Zhou, P. Li, S. Zhang, Y. Huang, P. Yang, M. Bao, G. Ruan, Self-excited piezoelectric microcantilever for gas detection, *Microelectronic Engineering, 69, pp. 37-46, (2003).*
[37] I. Dufour, O. Français, Microsystèmes utilisant des fluides, chapitre 8 du tome microfluidique du traité "Electronique, Génie Electrique et Microsystèmes" *des éditions Hermès, pp. 305-343, (2004).*
[38] S. Chatzandroulis, D. Goosturidis, P. Normand, D. Tsoukalas, A solid-state pressure-sensing microsystem for biomedical applications, *Sensors and Actuators A, 62, pp. 551-555, (1997).*
[39] H.P. Lang, M.K. Baller, R. Berger, C. Gerber, J.K. Gimzewski, F.M. Battiston, P. Fornaro, J.P. Ramseyer, E. Meyer, H.J. Güntherodt, An artificial nose based on a micromechanical cantilever array, *Analytica Chimica Acta, 393, pp. 59-65, (1999).*
[40] L. Scandella, G. Binder, T. Mezzacasa, J. Gobrecht, R. Berger, H.P. Lang, C. Gerber, J.K. Gimzewski, J.H. Koegler, J.C. Jansen, Combination of single crystal zeolites and microfabrication : two applications towards zeolite nanodevices, *Microporous and Mesoporous Materials, 21, pp. 403-409, (1998).*
[41] D. Lange, C. Hagleitner, A. Hierlemann , O. Brand, H. Baltes, Complementary metal oxide semiconductor cantilever arrays on a single chip:

mass-sensitive detection of volatile organic compounds, *Analytical Chemistry*, vol. 74, pp. 3084-3095, (2002).

CHAPITRE 2

Après avoir fait un état de l'art des capteurs chimiques de gaz, présenté les capteurs chimiques à structures mobiles et enfin illustré quelques exemples de réalisation pour la détection de composés soufrés ou encore de composés organiques volatiles (COV), nous allons à présent aborder la modélisation physique et l'optimisation de microcapteur à base de micropoutres. L'objectif de la modélisation est d'étudier le comportement des micropoutres par la mise en équation mais également d'optimiser les différents paramètres géométriques afin d'augmenter la sensibilité. Pour pallier les problèmes inhérents à l'utilisation d'une détection optique externe, essentiellement liés à l'encombrement, nous avons choisi pour la mesure d'utiliser des piézorésistances. Afin de s'affranchir de la dépendance des caractéristiques des piézorésistances avec la température, cette étude a été restreinte au fonctionnement du capteur en régime dynamique. La première partie introduit la mise en équation générale d'une micropoutre simple en calculant la fréquence de résonance pour différents cas. Comparé aux poutres parallélépipédiques traditionnellement utilisées en AFM, les microstructures étudiées dans le cadre de cette thèse présentent d'innovantes formes géométriques nous empêchant une résolution analytique des équations. Il convient dans ce cas de faire un modèle approché en utilisant la méthode de Rayleigh. Cette étude fera l'objet de la deuxième partie. Pour valider le modèle analytique ainsi développé, la troisième partie va consister à corréler la théorie aux résultats de simulations numériques effectuées avec le logiciel Ansys. Enfin, l'optimisation du capteur se fera au travers de l'étude de l'influence des paramètres géométriques sur la sensibilité.

I. Fréquence de résonance d'une micropoutre simple

La modélisation physique d'un microcapteur à base de micropoutre consiste à déterminer à partir des équations générales de la mécanique l'expression de la fréquence de résonance. Cette première partie va, tout d'abord, définir les paramètres géométriques qui caractérisent une micropoutre, puis au travers de la mise en équation de la fréquence de résonance, la dépendance de cette fréquence en fonction de la masse additionnelle va être calculée pour différents cas.

CHAPITRE 2

1. Paramètres géométriques

Lorsque nous évoquons depuis le début le terme de "micropoutre", nous considérons en fait une poutre encastrée à une extrémité et libre à l'autre, comme illustrée figure II.1.

Les mécaniciens appellent ce type particulier de poutres les "consoles". Dans toute la suite, nous considèrerons que la section de la poutre est rectangulaire et constante. Les paramètres ainsi définis sont : la longueur de la structure notée L, sa largeur b et l'épaisseur h_1.

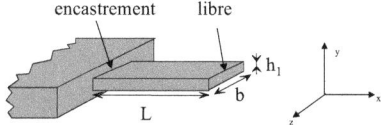

Figure II.1. Structure des poutres étudiées

2. Expression de la fréquence de résonance en flexion : mise en équation

La fréquence de résonance d'une structure dépend entre autre de sa masse. L'expression de la fréquence de résonance peut alors être calculée dans trois cas différents : « la poutre *homogène*, la poutre *bimorphe* et la poutre *homogène avec une masse supplémentaire à l'extrémité libre* ».

2.1. Poutre homogène

Nous allons directement considérer le cas d'une poutre mince dite « homogène » (car constituée d'un seul matériau) de forme parallélépipédique (Figures II.1 et II.2), avec $h_1 \ll L$ et $b \ll L$.

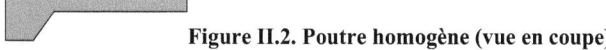

Figure II.2. Poutre homogène (vue en coupe)

Dans ce cas, les fréquences propres de résonance de la poutre monodimensionnelle encastrée - libre de longueur L, et en oscillation libre non amortie s'expriment de la façon suivante [1] :

$$f_n = \frac{\lambda_n^2}{2\pi L^2} \sqrt{\frac{E I L}{m}} \qquad (II.1)$$

Où :

$I = b h_1^3/12$ est le moment d'aire quadratique par rapport à l'axe y,

E est le module d'Young, m est la masse de la poutre,

λ_n dépend du mode de résonance considéré. Pour le premier mode $\lambda_1 = 1,875$, et pour les modes suivants : $\lambda_2 = 4,694$, $\lambda_3 = 7,855$. Enfin pour $n > 3$, $\lambda_n = (2n-1) \pi/2$.

Dans le cas des poutres que nous allons considérer (b < L), cette formule peut à nouveau être utilisée à condition de modifier l'expression du module d'Young en tenant compte de la déformation suivant la largeur [2].

Il convient alors de considérer le module d'Young effectif :

$$\hat{E} = E\left\{1 + \gamma\left(\frac{1}{1-v^2} - 1\right)\right\} \qquad (II.2)$$

Avec :

v le coefficient de poisson, et γ une fonction de b/L telle que si $b/L \to 0$ alors $\gamma \to 0$ et donc $\hat{E} = E$. Par contre si b/L augmente la valeur de γ se rapproche de 1 et ainsi le module d'Young effectif $\hat{E}$ se rapproche de celui d'une plaque c'est à dire de $E/(1-v^2)$. La fonction γ est estimée à $\gamma = 1 - e^{-1.5\frac{b}{L}}$ après comparaison avec des simulations par éléments finis.

L'expression (1) de la fréquence de résonance peut donc s'écrire :

$$f_n = \frac{\lambda_n^2}{2\pi L^2}\sqrt{\frac{\hat{E} I L}{m}} \qquad (II.3)$$

Ou de façon équivalente :

$$f_n = \frac{1}{2\pi}\sqrt{\frac{3\hat{E} I}{(3/\lambda_n^4) m L^3}} \qquad (II.4)$$

Ou encore plus généralement connu sous la forme suivante :

$$f_n = \frac{1}{2\pi}\sqrt{\frac{k}{m_{\text{eff n}}}} \qquad (II.5)$$

Avec $m_{\text{eff n}} = (3/\lambda_n^4) m$ (c'est à dire 0.24m pour n = 1), et $k = 3\hat{E}I/L^3$. k correspond à la rigidité à l'extrémité de la poutre. En effet, lorsque nous appliquons une force ponctuelle F à l'extrémité de la poutre, la flexion vaut alors dans ce cas $w(x = L) = F/k$. Pour le premier mode de flexion la fréquence de résonance devient :

$$f = \frac{1}{2\pi} \sqrt{\frac{k}{0.24m}} \qquad (II.6)$$

2.2. Poutre bimorphe

Les résultats du paragraphe précédent peuvent être utilisés à condition de remplacer la poutre bimorphe par une poutre équivalente constituée d'un seul matériau [3]. Dans le cas d'une poutre bimorphe, la structure est constituée de deux couches de matériaux différents référencés 1 et 2 (Figure II.).

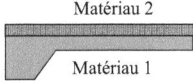

Figure II.3. Poutre bimorphe (vue en coupe)

La poutre équivalente est constituée d'un seul matériau (le même que le substrat : module d'Young effectif $\hat{E}_1$) et n'a pas une section rectangulaire mais en T : la portion inférieure a une largeur b, une épaisseur h_1 et la portion supérieure a une largeur $b' = b\hat{E}_2/\hat{E}_1$ et une épaisseur h_2 (

Figure II.).

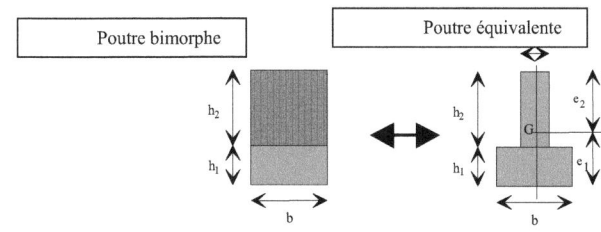

Figure II.4. Equivalence entre bimorphe et poutre homogène

L'axe neutre a pour position dans le cas de la figure 4 :

$$e_1 = \frac{bh_1^2 + b'\left((h_1+h_2)^2 - h_1^2\right)}{2(h_1 b + h_2 b')} \quad (II.7)$$

$$e_2 = h_1 + h_2 - e_1 \quad (II.8)$$

Ainsi, l'expression du moment d'inertie de la section par rapport à l'axe neutre s'écrit :

$$\begin{aligned} I_{eq} &= \frac{b'}{3}\left(e_2^3 - (h_1-e_1)^3\right) + \frac{b}{3}\left(e_1^3 + (h_1-e_1)^3\right) \\ &= \frac{bh_1^3}{12} + \frac{b'h_2^3}{12} + bh_1\left(e_1 - \frac{h_1}{2}\right)^2 + b'h_2\left(e_1 - h_1 - \frac{h_2}{2}\right)^2 \end{aligned} \quad (II.9)$$

Compte tenu de l'expression de e_1 et de b' le moment d'inertie de la section par rapport à l'axe neutre est :

$$\begin{aligned} I_{eq} &= \frac{bh_1^3}{12} + \frac{b'h_2^3}{12} + \frac{bh_1 b' h_2 (h_1+h_2)^2}{4(bh_1 + b'h_2)} \\ &= \frac{b}{12\hat{E}_1} \frac{h_1^4 \hat{E}_1^2 + h_2^4 \hat{E}_2^2 + 2h_1 h_2 \hat{E}_1 \hat{E}_2 \left(2h_1^2 + 3h_1 h_2 + 2h_2^2\right)}{h_1 \hat{E}_1 + h_2 \hat{E}_2} \end{aligned} \quad (II.10)$$

A condition de considérer le moment d'aire quadratique équivalent I_{eq}, la fréquence de résonance du bimorphe peut se mettre sous la forme suivante :

$$f = \frac{1}{2\pi}\sqrt{\frac{3\hat{E}_1 I_{eq}}{0.24(m_1+m_2)L^3}} \quad (II.11)$$

m_1 et m_2 étant les masses des deux matériaux.

D'après l'expression (11), nous pouvons noter que la présence de la couche modifie non seulement la masse mais également la raideur ($3\hat{E}_1 I_{eq} / L^3$). Si $\hat{E}_2 h_2 \ll \hat{E}_1 h_1$ alors la raideur n'est pas modifiée et nous retrouvons bien $3\hat{E}_1 I_1 / L^3$ relatif à la partie de la poutre constituée du matériau 1.

CHAPITRE 2

2.3. Poutre homogène avec masse supplémentaire à l'extrémité libre

Nous allons maintenant considérer qu'une masse supplémentaire m_s est ajoutée seulement à l'extrémité libre de la poutre comme le montre la figure II.5 :

Figure II.5. Poutre homogène avec masse ajoutée à l'extrémité libre de la poutre (vue en coupe)

L'expression de la fréquence de résonance devient [4] :

$$f = \frac{1}{2\pi} \sqrt{\frac{k}{(0.24m + m_s)}} \qquad (II.12)$$

A partir de cette expression, nous pouvons noter que la fréquence de résonance est beaucoup plus sensible aux variations de masse en bout de poutre plutôt qu'aux variations de masse réparties sur toute la longueur.

Si cette structure est utilisée en tant que capteur chimique un compromis doit être fait : dans le cas où la surface active est localisée à l'extrémité libre de la poutre, la sensibilité à la masse sera élevée mais réside néanmoins le problème inhérent de la petite surface de zone active, ce qui entraîne une faible masse additionnelle due à la sorption. En contre partie, déposer la couche sensible sur toute la structure augmente la surface active mais la partie proche de l'encastrement est moins efficace que celle de l'extrémité libre.

Fort de ces remarques, une nouvelle approche est envisagée et propose de modifier la géométrie des structures en élargissant la surface active dans la zone où la sensibilité à la masse est la meilleure (en bout de poutre).

II. Modification de la géométrie

En innovation aux structures de formes parallélépipédiques traditionnellement utilisées, une nouvelle approche consistant à optimiser les formes géométriques des micropoutres, notamment en rajoutant un plateau à l'extrémité libre de la poutre, va être proposée. Dans cette première partie, nous allons présenter les structures étudiées en détaillant les paramètres géométriques puis à l'aide d'un modèle approché nous

CHAPITRE 2

déduirons l'expression analytique de la fréquence de résonance. Enfin, les sensibilités du capteur seront obtenues à partir de ces expressions et étudiées en fonction des différents paramètres géométriques.

1. Structures étudiées

De manière à se référencer uniquement à une formulation pour différentes géométries, nous avons réalisé une approche paramétrique où différentes géométries de poutres sont étudiées simultanément en faisant varier les paramètres du modèle.

Chaque structure est donc composée de deux parties distinctes (Figure II.6) :

- le bras de surface rectangulaire,
- le plateau de surface carrée ou rectangulaire.

L'idée de rajouter un plateau par rapport aux structures traditionnelles en bout de poutre permet d'augmenter la surface active pour le dépôt de la couche sensible, sans trop rigidifier la structure. Le bras est caractérisé par les paramètres géométriques L_1 et b_1 désignant respectivement la longueur et la largeur. Les dimensions relatives au plateau sont L_2 et b_2 avec $L_2 = L/n$ sachant que $L = L_1 + L_2$ et $b_2 = sb_1$. Nous considèrerons que la couche sensible n'est déposée que sur le plateau, nous verrons par la suite les modifications à apporter si la couche recouvre toute la poutre. Les paramètres h_1 et h_2 sont donc les épaisseurs respectives du silicium et de la couche sensible : les indices 1 et 2 serviront par la suite à différencier la poutre de la couche sensible.

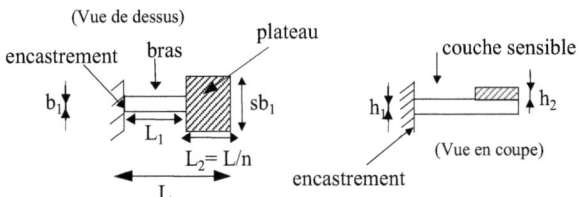

Figure II.6. Vue de dessus et en coupe des micropoutres avec plateau

Grâce à ce paramétrage nous allons pouvoir étudier simultanément différents cas :

- la poutre parallélépipédique entièrement ou partiellement recouverte de couche sensible,
- la poutre avec plateau de dimensions variables. Le plateau étant recouvert de la couche sensible.

CHAPITRE 2

Ces deux exemples sont illustrés dans le tableau II.1 ci-après :

	1/n = 0.25	1/n = 0.5	1/n = 1
s = 1 Parallélépipédique			
s = 5 Poutre avec plateau			

Tableau II.1 Les différentes géométries étudiées

2. Modèle approché : méthode de Rayleigh

Une approche paramétrique de la structure est intéressante mais une résolution analytique des équations pour obtenir une expression exacte de la fréquence de résonance ne semble pas possible. Un calcul approché est donc effectué en utilisant la méthode de Rayleigh. Cette méthode permet, à partir d'une flexion réaliste de la structure, de déterminer avec une bonne précision la fréquence de résonance du premier mode en flexion [5]. Si l'expression de la flexion est celle du premier mode de résonance, la fréquence de résonance calculée par cette méthode sera la valeur exacte. Dans les autres cas, la fréquence déterminée par cette méthode sera plus élevée que la fréquence réelle de résonance. Ceci peut s'expliquer par le fait que tout écart par rapport à la flexion réelle nécessite des contraintes mécaniques supplémentaires, induisant une rigidité globale plus importante et donc une fréquence de résonance plus élevée. En général, l'utilisation de l'expression de la flexion statique de la structure conduit à un résultat assez précis quant à l'estimation de cette fréquence de résonance. A partir de l'expression d'une flexion $w(x)$, il est possible de déterminer, l'expression de l'énergie cinétique (T) de la structure telle que :

$$T = \frac{1}{2} \iiint_{structure} \left(\frac{dw}{dt}\right)^2 dm \quad (II.13)$$

Où dm est la masse de l'élément de volume élémentaire.
En fonction de la pulsation propre ω, cette expression peut alors s'écrire :

$$T = \frac{1}{2}\omega^2 \iiint_{structure} w^2 dm \quad (II.14)$$

L'énergie potentielle (U) de la structure est déterminée par le travail effectué sur la structure et stockée sous forme d'énergie élastique :

$$U = \frac{1}{2} \iiint_{\text{structure}} M \, d\theta \qquad (II.15)$$

M étant le moment fléchissant et θ la pente de la courbe w(x).

Or :

$$\frac{1}{r} = \frac{M}{EI} \approx \frac{d\theta}{dx} \approx \frac{d^2w}{dx^2} \qquad (II.16)$$

Ainsi :

$$U = \frac{1}{2} \iiint_{\text{structure}} EI \left(\frac{d^2w}{dx^2} \right)^2 dx \qquad (II.17)$$

En écrivant l'égalité entre l'énergie cinétique T (équation II.14) et l'énergie potentielle U (équation II.17), nous en déduisons l'expression de la pulsation propre de résonance ω telle que :

$$\omega = \sqrt{\frac{\iiint_{\text{structure}} EI \left(\frac{d^2w}{dx^2} \right)^2 dx}{\iiint_{\text{structure}} w^2 \, dm}} \qquad (II.18)$$

Comme le montre l'équation II.18, la pulsation propre de résonance obtenue par la méthode de Rayleigh est fonction de la flexion w. Respectant les conditions du modèle, nous allons considérer comme déformée "réaliste" le cas d'une pression constante imposée à la structure.

2.1. Cas de la déformée d'une poutre avec plateau sous pression constante

Comme nous l'avons décrit dans la première partie, les structures étudiées sont constituées d'un bras et d'un plateau (Figure II.6). Rappelons que la couche sensible n'est déposée que sur le plateau et que nous verrons par la suite quelles modifications apporter lorsque la structure est totalement recouverte de couche sensible.

Nous noterons w_1 la flexion sur la partie étroite (bras de largeur b_1) et w_2 sur le plateau (largeur $b_2 = sb_1$).

w_1 et w_2 sont solutions des équations différentielles suivantes :

CHAPITRE 2

$$\frac{d^2w_1}{dx^2} = -\frac{M_1}{\overline{E_1I_1}} \text{ et} \qquad (II.19)$$

Où :

- M_1 et M_2 sont les moments fléchissant dépendant des sollicitations appliquées sur la structure.
- $\overline{E_1I_1}$ et $\overline{E_2I_2}$ sont les rigidités à la flexion de la poutre pour la zone considérée.

Pour la première partie constituée d'un seul matériau :

$$\overline{E_1I_1} = \hat{E}_1 I_1 = \hat{E}_1 \frac{b_1 h_1^3}{12} \qquad (II.20)$$

Pour le plateau constitué de deux matériaux en utilisant l'équation II.10 :

$$\overline{E_2I_2} = \frac{b_2}{12} \frac{h_1^4 \hat{E}_1^2 + h_2^4 \hat{E}_2^2 + 2h_1 h_2 \hat{E}_1 \hat{E}_2 \left(2h_1^2 + 3h_1 h_2 + 2h_2^2\right)}{h_1 \hat{E}_1 + h_2 \hat{E}_2} \qquad (II.21)$$

Dans le cas des capteurs chimiques, la couche sensible est souvent un polymère et généralement son épaisseur est faible par rapport à celle de la microstructure. De même, le module d'Young est plus faible, donc : $h_2 \hat{E}_2 \ll h_1 \hat{E}_1$.

Dans ce cas :

$$\overline{E_2I_2} \approx \hat{E}_1 \frac{b_2 h_1^3}{12} \qquad (II.22)$$

Ce qui signifie que la présence du polymère a peu d'influence sur la rigidité à la flexion. Pour la suite nous nous placerons donc dans ce cas là, mais le calcul peut être mené dans le cas de deux matériaux quelconques. Nous reviendrons sur ce point dans le chapitre IV.

De plus, w_1 et w_2 doivent également vérifier les équations suivantes :

$$w_1(x=0) = 0 \text{ et } \left.\frac{dw_1}{dx}\right|_{x=0} = 0 \text{ pour la condition d'encastrement}$$

$$w_1(x=L_1) = w_2(x=L_1) \text{ et } \left.\frac{dw_1}{dx}\right|_{x=L_1} = \left.\frac{dw_2}{dx}\right|_{x=L_1} \text{ pour la condition de continuité.}$$

CHAPITRE 2

Dans le cas d'une pression P uniforme sur toute la structure :

$$M_1(x) = -\int_x^{L_1} P\, b_1(X-x)\,dX - \int_{L_1}^{L_2} P\, b_2(X-x)\,dX \qquad (II.23)$$

Et :
$$M_2(x) = -\int_x^{L_2} P\, b_2(X-x)\,dX \qquad (II.24)$$

Les expressions obtenues pour w_1 et w_2 en fonction de n et s s'écrivent alors :

$$w_1 = \frac{Px^2(6L^2n^2 - 12L^2n + 6L^2 + x^2n^2 - 4xn^2L + 4xnL + 12sL^2n - 6sL^2 - 4s)}{2\hat{E}_1 h_1^3 n^2} \qquad (II.25)$$

$$w_2 = \frac{P\begin{pmatrix} 6n^4L^2x^2 - 4n^4Lx^3 + n^4x^4 - 12L^3n^3x + 12L^3n^2x + 12L^3n^3x\,s \\ -12L^3n^2x\,s + 4L^4n^3 - 6L^4n^2 + 2L^4 - 4L^4s\,n^3 + 6L^4s\,n^2 - 2L^4s \end{pmatrix}}{2\hat{E}_1 h_1^3 n^4} \qquad (II.26)$$

La flexion maximale est alors obtenue en bout de poutre (x = L) et vaut :

$$w_{2\,(x=L)} = \frac{PL^4(3n^4 - 8n^3s + 6n^2s + 2 - 2s)}{2\hat{E}_1 h_1^3 n^4} \qquad (II.27)$$

2.2. Equation de la fréquence de résonance

En prenant les expressions de w_1 et w_2 de la flexion statique dans le cas d'une pression uniforme agissant sur toute la structure, la fréquence de résonance obtenue par la méthode de Rayleigh à partir de l'expression de la pulsation s'écrit :

$$f = \frac{1}{2\pi}\sqrt{\frac{\hat{E}_1 h_1^3}{L^4}}\sqrt{\frac{1}{\xi_1 \rho_1 h_1 + \xi_2 \rho_2 h_2}} \qquad (II.28)$$

Avec :

L la longueur totale de la poutre,

h_1 et h_2 les épaisseurs respectives de la poutre et de la couche sensible,

ρ_1 et ρ_2 sont les masses volumiques de la poutre et de la couche sensible,

$\hat{E}_1$ est le module d'Young effectif de la poutre,

ξ_1 et ξ_2 sont des fonctions en n et s telles que :

$$\xi_1 = \frac{1}{63n^4} \frac{\begin{pmatrix} -182 + 22932n^5 + 182n^9 - 6552n^2 + 15288n^3 - 810s^2 + 46872s^2n^3 \\ -21672s^2n^2 + 5418s^2n - 22932n^4 + 66087sn^4 - 46410sn^3 + 20664sn^2 \\ -5166sn + 19845s^3n^4 - 15288n^6 + 6552n^7 - 1638n^8 + 315s^3 - 15750s^3n^3 \\ +7560s^3n^2 - 1890s^3n + 53172s^2n^5 - 63000s^2n^4 + 5040s^3n^6 - 15120s^3n^5 \\ +1638sn^8 - 11520sn^7 + 35196sn^6 - 60984sn^5 - 24948s^2n^6 + 4968s^2n^7 \\ +1638n + 677s \end{pmatrix}}{\begin{pmatrix} 3n^5 - 15n^4 + 15sn^4 - 50sn^3 + 30n^3 + 20s^2n^3 - 30n^2 + 60sn^2 \\ -30s^2n^2 + 15n - 30sn + 15s^2n - 5s^2 - 3 + 8s \end{pmatrix}} \quad \text{(II.29)}$$

$$\xi_2 = \frac{s}{36n^4} \frac{\begin{pmatrix} 405n^8 + 2160sn^7 - 2700n^7 + 2880s^2n^6 + 7800n^6 - 10440sn^6 + 21420sn^5 \\ -8640s^2n^5 - 12780n^5 - 24660sn^4 + 13374n^4 + 11340s^2n^4 - 9000s^2n^3 \\ -9564n^3 + 18504sn^3 + 4608n^2 + 4320s^2n^2 - 8928sn^2 - 1080s^2n + 2340sn \\ -1260n + 221 + 180s^2 - 396s \end{pmatrix}}{\begin{pmatrix} 3n^5 - 15n^4 + 15sn^4 - 50sn^3 + 30n^3 + 20s^2n^3 - 30n^2 \\ +60sn^2 - 30s^2n^2 + 15n - 30sn + 15s^2n - 5s^2 - 3 + 8s \end{pmatrix}} \quad \text{(II.30)}$$

L'expression II.28 permet de mettre en évidence l'influence de trois paramètres agissant sur la fréquence de résonance :

- la *taille* liée aux paramètres L, h_1 et b_1,
- la *nature du matériau* relatif au module d'Young E_1, au coefficient de poisson ν_1, et à la masse volumique ρ_1,
- la *forme* avec les fonctions ξ_1 et ξ_2 dépendant des paramètres n et s.

Par ailleurs, pour l'utilisation des micropoutres en tant que capteur chimique, il devient intéressant d'exprimer la fréquence de résonance en fonction des masses surfaciques. En exprimant les masses volumiques en fonction des surfaces Σ, des épaisseurs h et des masses m, l'expression de la fréquence de résonance s'écrit :

$$f = \frac{1}{2\pi} \sqrt{\frac{\hat{E}_1 h_1^3}{L^4}} \sqrt{\frac{1}{\xi_1 m_1/\Sigma_1 + \xi_2 m_2/\Sigma_2}} \quad \text{(II.31)}$$

Avec les surfaces Σ_1 et Σ_2 en fonction de n et s :

$$\Sigma_1 = b_1 L(n-1+s)/n \quad \text{(II.32)}$$

$$\Sigma_2 = b_1 L(s/n) \quad \text{(II.33)}$$

Nous pouvons souligner que si $n = s = 1$ alors $\Sigma_1 = \Sigma_2 = b_1 L$ et $\xi_1 = \xi_2 = 26/27$, nous nous retrouvons dans la configuration d'une poutre parallélépipédique homogène, recouverte de couche sensible sur toute sa surface. Nous retrouvons l'expression connue de la fréquence de résonance de l'équation II.11 :

$$f = \frac{1}{2\pi}\sqrt{\frac{\hat{E}_1 h_1^3}{L^4}}\sqrt{\frac{27}{26m_1/\Sigma_1 + 26m_2/\Sigma_2}} = \frac{1}{2\pi}\sqrt{\frac{3\hat{E}_1 I_1}{0.24(m_1+m_2)L^3}} \qquad (II.34)$$

III. Simulations numériques : méthode des éléments finis

Après avoir développé, grâce à la méthode de Rayleigh, un modèle analytique nous permettant de calculer la fréquence de résonance en flexion d'une micropoutre en fonction de sa géométrie, nous allons à présent simuler ces structures, à l'aide du logiciel de simulation Ansys utilisant les calculs par éléments finis. Nous présenterons succinctement le logiciel Ansys puis dans le but de valider le modèle analytique, nous confronterons les résultats obtenus par la simulation à ceux calculés théoriquement par le modèle.

1. Le logiciel ANSYS

Ansys est un logiciel de simulation numérique utilisant pour la résolution de ses calculs la méthode des éléments finis. Il est particulièrement adapté à des traitements de problèmes mécaniques, thermiques ou électromagnétiques. Dans notre cas, ce logiciel nous permet d'obtenir les fréquences de vibrations de différents modes, et notamment la fréquence de résonance du premier mode de flexion de la micropoutre. La poutre est définie par ses dimensions et les divers matériaux qui la composent. Ces derniers sont eux-mêmes définis par leur module d'Young E, leur coefficient de poisson ν et leur masse volumique ρ. Une fois la poutre définie vient l'étape du maillage de la structure dont l'élément de maillage utilisé est l'élément Shell. Cet élément correspond à une surface à laquelle nous pouvons affecter une épaisseur "virtuelle" qui est prise en compte dans les calculs effectués par Ansys. De plus, nous pouvons affecter une masse additionnelle par unité de surface et simuler ainsi la présence d'une couche sensible de faible épaisseur.

2. Comparaison entre le modèle et les simulations

Les simulations réalisées à l'aide du logiciel Ansys, ont été effectuées en deux dimensions avec l'élément Shell. Nous avons considéré des micropoutres dont la

CHAPITRE 2

longueur totale, l'épaisseur et la largeur du bras sont fixées (L = 200µm, b_1 = 20µm, h_1 = 1µm), et pour lesquelles nous avons fait varier le paramètre s de 1 à 5. Nous rappelons que le paramètre « s » est défini tel que $sb_1 = b_2$. Si s = 1 alors $b_1 = b_2$ et la structure est une micropoutre parallélépipédique sans plateau. En revanche si s = 5 alors $b_2 = 5b_1$: dans ce cas la micropoutre possède un plateau rectangulaire à son extrémité, 5 fois plus large que le bras.

La figure II.7 représente l'évolution de la fréquence de résonance en fonction du taux de recouvrement 1/n (image de la longueur relative du plateau par rapport au bras) : les lignes sont allouées aux fréquences de résonance calculées par le modèle alors que les points ont été obtenus par simulation avec Ansys.

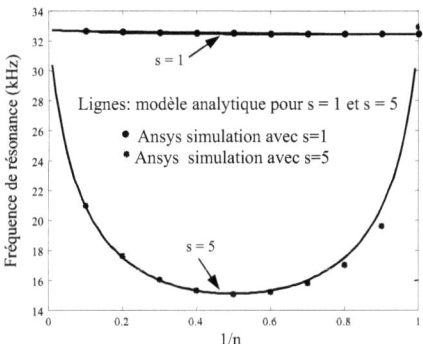

Figure II.7. Evolution de la fréquence de résonance en fonction de 1/n, pour s = 1 et s = 5 (L =200 µm, h_1 = 1 µm, h_2 = 30 nm, b_1 = 20 µm, ρ_1= 2330 kg/m^3, ρ_2 =1040 kg/m^3)

Pour corréler les résultats entre le modèle analytique de la fréquence de résonance et les simulations numériques réalisées à partir du logiciel Ansys, le tableau II.2 présente pour différentes largeurs de plateaux (1/n varie) et pour les deux géométries de poutre (s = 1 et s = 5), les fréquences de résonances théoriques calculées à partir du modèle, les fréquences obtenues par simulation ainsi que leur écart relatif.

		0,1	0,2	0,3	0,4	0,5	0,6	0,7	0,8	0,9	1
s=1	1/n										
	f (Ansys) Hz	32699	32623	32571	32537	32518	32509	32504	32502	32501	32503
	f (modèle) Hz	32641	32565	32513	32479	32459	32449	32444	32443	32443	32443
	Ecart relatif %	0,178	0,178	0,178	0,179	0,182	0,185	0,185	0,182	0,179	0,185
s=5	1/n	0,1	0,2	0,3	0,4	0,5	0,6	0,7	0,8	0,9	1
	f (Ansys) Hz	20991	17589	16064	15339	15088	15223	15784	17004	19615	32903
	f (modèle) Hz	20924	17520	16006	15304	15096	15303	16002	17506	20873	32443
	Ecart relatif %	0,32	0,394	0,362	0,229	-0,053	-0,523	-1,362	-2,868	-6,027	1,418

Tableau II.2. Calcul de l'écart relatif entre le modèle et la simulation pour les deux types de poutres s = 1 et s = 5

3. Résultats : validité du modèle

Les résultats décrits dans un premier temps par la figure II.7 confrontant le modèle théorique à la simulation numérique montrent une bonne corrélation pour la fréquence de résonance. Le tableau 2 renforce, par la même, la corrélation en calculant pour les deux types de structures ($s = 1$ et $s = 5$) les écarts relatifs. En effet, ces derniers n'excédant pas 6%, nous pouvons valider le modèle analytique développé en première partie pour décrire le comportement oscillatoire des structures (bras + plateau). Par ailleurs, les résultats obtenus mettent en avant la forte dépendance de la fréquence de résonance à la géométrie des structures. Nous allons donc étudier dans la quatrième partie, si cette dépendance peut être utilisée pour optimiser les sensibilités du capteur en fonction de la taille, de la forme et de la nature du matériau.

IV. Optimisation du capteur : étude de la sensibilité

La sensibilité est un paramètre essentiel du capteur puisqu'il conditionne ses performances. Nous commencerons cette partie par la définition des différentes sensibilités associées à ce type de capteur chimique à base de microstructures mobiles. Puis, à partir du modèle analytique développé pour la fréquence de résonance en deuxième partie, ces sensibilités seront étudiées en fonction des différents paramètres. Enfin, l'étude de ces sensibilités permettra d'optimiser la géométrie des micropoutres.

1. Sensibilité du capteur

Sachant que l'ajout d'une masse liée à la formation d'une couche sur la surface de la poutre génère une variation de la fréquence de résonance, les micropoutres peuvent donc être utilisées en tant que capteur de masse, dont le principe de mesure peut être comparé à celui des microbalances à quartz (QCM : Quartz Crystal Microbalance), très fréquemment utilisées en microélectronique pour le contrôle en temps réel des épaisseurs déposées lors de l'élaboration de couches minces. Dans ce cas, le glissement de la fréquence de résonance est détecté via la variation d'impédance de la pastille de quartz [6]. Cependant, nous avons choisi dans le cadre de nos applications de réaliser un capteur chimique gazeux, c'est à dire de mesurer la concentration Cg d'espèces gazeuses.

Les micropoutres présentent deux types de mesurande « masse additionnelle m_{ad} » (microbalance) et « concentration en gaz C_g » (microcapteur de gaz) pouvant correspondre à deux types de signal de sortie « fréquence de résonance » ou encore « la variation relative de fréquence $(f-f_0)/f_0$ », f_0 étant la fréquence de départ. En fonction du cas de figure considéré (Figure II.8) quatre sensibilités peuvent donc être définies pour le capteur : $S_m^f, S_m^{f/f_0-1}, S_{Cg}^f, S_{Cg}^{f/f_0-1}$.

(a) : Microbalance (b) : Microcapteur chimique

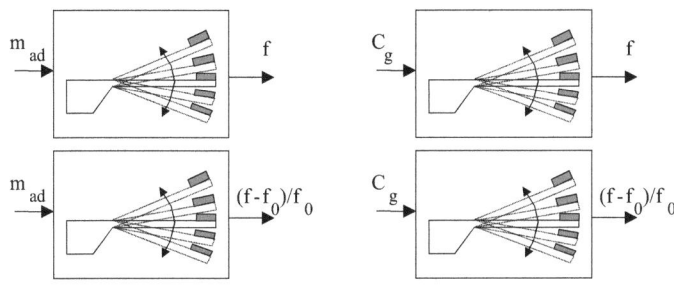

Figure II.8. Les quatre cas de figure envisageables pour la microbalance (a) ou le capteur chimique (b)

2. Différentes sensibilités

Nous allons expliciter pour chaque cas de figure l'expression de la sensibilité et le lien entre les différentes sensibilités

- *Microbalance par mesure de fréquence*

La sensibilité à l'effet de masse S_m^f est définie par le rapport de la variation de fréquence sur la variation de masse ou masse additionnelle :

$$S_m^f = \frac{\Delta f}{\Delta m} \qquad (II.35)$$

- *Microbalance par mesure de variation relative de fréquence*

La sensibilité à l'effet de masse pour une variation relative de fréquence, S_m^{f/f_0-1}, peut s'écrire en fonction de la sensibilité à l'effet de masse :

$$S_m^{f/f_0-1} = \frac{\Delta f}{f_0 \Delta m} = \frac{S_m^f}{f_0} \qquad (II.36)$$

- *Microcapteur de gaz par mesure de fréquence*

La sensibilité à la concentration de gaz, S_{Cg}^f, est le rapport de la variation de fréquence sur la variation de la concentration de gaz dans le milieu environnant :

CHAPITRE 2

$$S_{C_g}^f = \frac{\Delta f}{\Delta C_g} \quad (II.37)$$

Afin de relier cette sensibilité aux autres sensibilités, le coefficient de partage doit être utilisé. Le coefficient de partage K de la couche sensible vis à vis de l'espèce recherchée est défini comme le rapport entre la concentration à l'équilibre C de l'espèce dans la couche sensible sur la concentration C_g de l'espèce en phase gazeuse [7] :

$$K = \frac{C}{C_g} \quad (II.38)$$

Avec :

$$C = \frac{\Delta m}{V} = \frac{\Delta m}{\Sigma_2 h_2} \quad (II.39)$$

Où :
Σ_2 est la surface de la couche sensible,
h_2 est l'épaisseur de la couche sensible,
Δm est la masse de l'espèce sorbée dans la couche.

A partir des expressions (II.38) et (II.39), nous pouvons en déduire le lien entre la concentration de gaz C_g et la variation de masse Δm.

$$C_g = \frac{1}{K h_2} \frac{\Delta m}{\Sigma_2} \quad (II.40)$$

La sensibilité à la concentration de gaz $S_{C_g}^f$ peut ainsi s'exprimer en fonction du coefficient de partage K et de la sensibilité à l'effet de masse S_m^f de la façon suivante :

$$S_{C_g}^f = \frac{\Delta f}{\Delta C_g} = K h_2 \Sigma_2 \frac{\Delta f}{\Delta m} = K h_2 \Sigma_2 \, S_m^f \quad (II.41)$$

- *Microcapteur de gaz par mesure de variation relative de fréquence*

La sensibilité à la concentration de gaz $S_{C_g}^{f/f_0 - 1}$ s'écrit sous la forme :

$$S_{C_g}^{f/f_0 - 1} = \frac{1}{f_0} \frac{\Delta f}{\Delta C_g} = \frac{K h_2}{f_0} \Sigma_2 \, S_m^f \quad (II.42)$$

Remarque :
Dans les travaux sur les capteurs à ondes acoustiques il est très courant de confronter les performances des différents capteurs en comparant ce qui est appelé la « sensibilité gravimétrique » définie par :

CHAPITRE 2

$$S = \frac{\Delta f}{f_0} \frac{\Sigma_2}{\Delta m} \quad (II.43)$$

Ce qui devient avec les notations des quatre sensibilités définies précédemment :

$$S = \frac{\Sigma_2}{f_0} S_m^f = \Sigma_2 \; S_m^{f/f_0 - 1} = \frac{f_0}{Kh_2} S_{Cg}^f = \frac{1}{Kh_2} S_{Cg}^{f/f_0 - 1} \quad (II.44)$$

3. Etude des sensibilités en fonction des paramètres géométriques

Bien que nous intéressant essentiellement aux microcapteurs de gaz, nous allons étudier également l'utilisation de ces micropoutres en tant que microbalance. Pour optimiser la réalisation de ces capteurs, le but est de déterminer les formes géométriques permettant d'obtenir une sensibilité maximale. Cette optimisation va donc consister à étudier les quatre sensibilités que nous venons de décrire en fonction des paramètres géométriques eux-mêmes issus de l'expression de la fréquence de résonance déterminée à partir du modèle analytique. Ces paramètres sont respectivement la taille de la structure (L, b_1, h_1), la forme (n, s) et la nature du matériau ($\hat{E}_1$, ρ_1).

3.1. Capteur de masse : étude de la sensibilité à l'effet de masse

La fréquence de résonance est modifiée par l'addition d'une masse supplémentaire sur le plateau seulement et la fréquence de résonance en fonction de cette masse additionnelle m_{ad} s'écrit :

$$f = \frac{1}{2\pi} \sqrt{\frac{\hat{E}_1 h_1^3}{L^4}} \sqrt{\frac{1}{\xi_1 m_1 / \Sigma_1 + \xi_2 m_{ad} / \Sigma_2}} \quad (II.45)$$

Pour de petites quantités de masse déposées, le signal de sortie du capteur peut être considéré comme linéaire et nous pouvons faire l'approximation suivante sur la fréquence :

$$f \approx f_0 (1 - \frac{1}{2} \frac{\xi_2}{\xi_1} \frac{\Sigma_1}{\Sigma_2} \frac{m_{ad}}{m_1}) \quad (II.46)$$

Avec :

$$f_0 \approx \frac{1}{2\pi} \sqrt{\frac{\hat{E}_1 h_1^3}{L^4 (\xi_1 m_1 / \Sigma_1)}} \quad (II.47)$$

Ainsi :

CHAPITRE 2

$$S_m^f = \frac{f_0}{2m_1} \frac{\xi_2}{\xi_1} \frac{\Sigma_1}{\Sigma_2} \approx \frac{1}{4\pi L^3 b_1} \sqrt{\frac{\hat{E}_1}{\rho_1^3}} \frac{n}{s} \frac{\xi_2}{\xi_1^{3/2}} \qquad (II.48)$$

$$S_m^{f/f_0-1} = \frac{1}{2m_1} \frac{\xi_2}{\xi_1} \frac{\Sigma_1}{\Sigma_2} \approx \frac{1}{2\rho_1 h_1 L b_1} \frac{n}{s} \frac{\xi_2}{\xi_1} \qquad (II.49)$$

Ces expressions mettent en évidence l'influence de chaque paramètre sur les sensibilités à l'effet de masse. Si nous considérons la fréquence de résonance comme signal de sortie du capteur (Figure II.9), sa sensibilité S_m^f est proportionnelle aux fonctions suivantes :

- $1/(L^3 b_1)$ représentant l'influence de la taille,
- $n\xi_2 / (s\xi_1^{3/2})$ représentant l'influence de la forme,
- $\sqrt{\hat{E}_1 / \rho_1^3}$ relatif à l'influence du matériau.

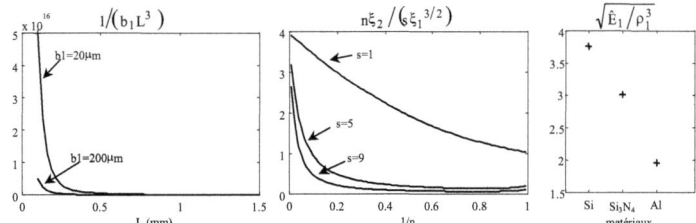

Figure II.9. Fonctions proportionnelles à S_m^f

En revanche, si le signal de sortie est la fréquence relative (Figure II.10) alors la sensibilité S_m^{f/f_0-1} est fonction de :

- $1/(L b_1 h_1)$ caractérisant l'influence de la taille,
- $n\xi_2 / (s\xi_1)$ caractérisant l'influence de la forme,
- $1/\rho_1$ pour le matériau.

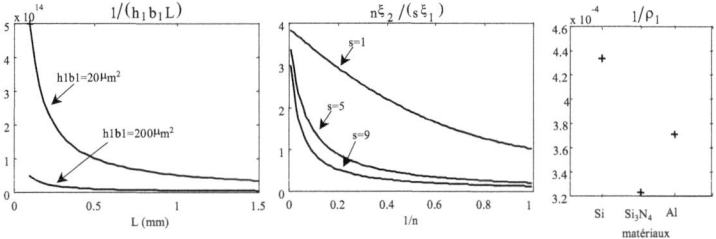

Figure II.10. Fonctions proportionnelles à S_m^{f/f_0-1}

CHAPITRE 2

3.2. Capteur de gaz : étude de la sensibilité à la concentration

Sous environnement gazeux où la concentration en espèces gazeuses est quantifiée par C_g, connaissant le coefficient de partage K, et à condition que ($m_2 \ll m_1$) la sensibilité à la concentration de gaz se développe sous la forme :

$$S^f_{C_g} = Kh_2 \Sigma_2 S^f_m \approx \frac{Kh_2}{4\pi L^2} \sqrt{\frac{\hat{E}_1}{\rho_1^3}} \frac{\xi_2}{\xi_1^{3/2}} \quad (II.50)$$

$$S^{f/f_0 - 1}_{C_g} = Kh_2 \Sigma_2 S^{f/f_0 - 1}_m \approx \frac{Kh_2}{2\rho_1 h_1} \frac{\xi_2}{\xi_1} \quad (II.51)$$

Respectivement pour la taille, la forme et le matériau, la sensibilité à la concentration de gaz S^f_{Cg} pour la fréquence est proportionnelle à $1/L^2$, $\xi_2/\xi_1^{3/2}$ et $\sqrt{\hat{E}_1/\rho_1^3}$ comme le montre la figure II.11.

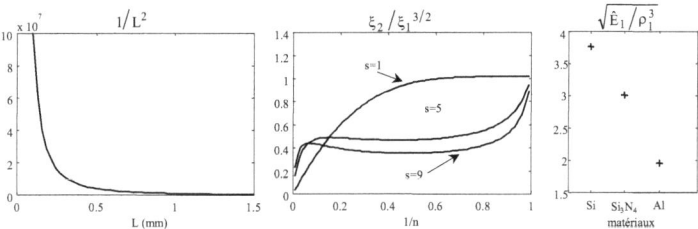

Figure II.11. Fonctions proportionnelles à S^f_{Cg}

Dans le cas de la fréquence relative, la sensibilité à la concentration de gaz est une fonction de :
- $1/h_1$ pour la taille
- ξ_2/ξ_1 pour la forme
- $1/\rho_1$ pour la nature du matériau.

La figure II.12 représente l'évolution de ces trois fonctions.

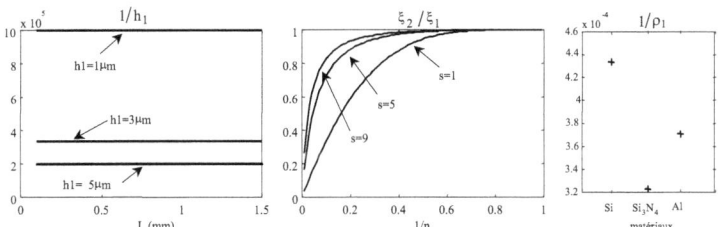

Figure II.12. Fonctions proportionnelles à S^{f/f_0-1}_{Cg}

4. Optimisation des paramètres

Les résultats obtenus vont nous permettre à présent d'optimiser les paramètres « *taille, forme et nature du matériau* », en considérant d'abord le cas de la micropoutre en tant que capteur de masse puis en tant que capteur chimique de gaz.

4.1. Capteur de masse

L'exploitation des courbes relatives à la sensibilité à l'effet de masse (figures II.9 et II.10) montre que pour maximiser cette dernière, il est préférable d'avoir :
- un matériau de faible densité et de module d'Young élevé : le silicium paraît beaucoup plus adapté que le nitrure de silicium ou encore l'aluminium,
- de petites structures : la longueur doit être petite car la sensibilité diminue rapidement avec la longueur de la structure,
- une petite surface active placée à l'extrémité libre de la poutre ce qui correspond à s petit et n grand.

En résumé, l'optimisation de la structure pour la mesure de masse consiste à avoir la plus petite surface active placée à l'extrémité de la plus petite micropoutre.

4.2. Capteur de gaz

De la même façon, l'optimisation du capteur chimique en terme de sensibilité à la concentration de gaz (figures II.11 et II.12) consiste à privilégier un matériau comme le silicium pour sa faible densité ($\rho_{Si} = 2330 \text{ kg/m}^3$) et son fort module d'Young ($E = 150 \text{GPa}$), comparé notamment à l'aluminium ou au nitrure de silicium. En ce qui concerne la taille de la structure, l'optimisation est un peu différente selon le signal de sortie envisagé : si nous considérons la fréquence relative, la sensibilité ne dépend pas de la longueur de la structure mais seulement de son épaisseur h_1. Ainsi, la longueur n'est plus un critère sélectif et nous retiendrons les microstructures fines. Par contre, si le signal de sortie du capteur est la fréquence, il convient alors de choisir des microstructures de petites longueurs : la sensibilité étant inversement proportionnelle au carré de la longueur L.

CHAPITRE 2

Enfin, l'influence de la forme de la micropoutre est relative aux fonctions $\xi_2 / \xi_1^{3/2}$ pour la fréquence et ξ_2 / ξ_1 pour la fréquence relative :

- Pour $1/n \in [0.5; 1]$ et $s < 10$, S_{Cg}^{f/f_0-1} est quasiment constante et maximale. Sa valeur est alors $S_{Cg}^{f/f_0-1} \approx Kh_2 / 2\rho_1 h_1$ (Figure II.12),

- Pour $1/n \in [0.5; 1]$ et $s = 1$ (poutre homogène sans plateau), S_{Cg}^f est quasiment constante et maximale et sa valeur vaut dans ce cas $S_{Cg}^f \approx Kh_2 / 4\pi L^2 \sqrt{\hat{E}_1 / \rho_1^3}$ (Figure II.11),

- Pour $1/n \in [0.2; 0.8]$ et $s < 5$, la sensibilité S_{Cg}^f est quasiment indépendante de n et est comprise entre : $\dfrac{Kh_2}{8\pi L^2}\sqrt{\dfrac{\hat{E}_1}{\rho_1^3}} \leq S_{Cg}^f \leq \dfrac{Kh_2}{4\pi L^2}\sqrt{\dfrac{\hat{E}_1}{\rho_1^3}}$.

En conclusion, pour un matériau donné et une longueur fixée les sensibilités à la concentration de gaz sont quasiment les mêmes pour différentes formes telles que $1/n \in [0.5; 1]$ et $s \leq 5$. La forme de la structure sera alors choisie de manière à faciliter la mesure de la fréquence de résonance autrement dit en maximisant la flexion de la poutre sous pression constante.

4.3. Etude de la flexion

La flexion maximale obtenue à l'extrémité de la poutre sous l'action d'une pression constante (correspondant à l'équation II.27) dépend de n et de s comme le décrit l'expression suivante :

$$w_{max} = \frac{PL^4}{2\hat{E}_1 h_1^3} \frac{3n^4 - 8n^3 + 6n^2 + 8sn^3 - 6sn^2 + 2 - 2s}{n^4} \quad (II.52)$$

Cette fonction est représentée à la figure II.13 et montre que la flexion obtenue à l'extrémité de la poutre augmente avec la largeur du plateau (si s est grand) et est maximale pour $1/n = 0.55$.

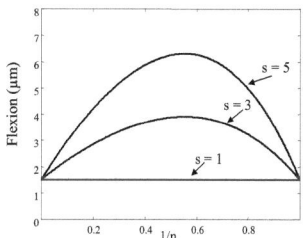

Figure II.13. Evolution de la flexion maximale en fonction de n et s pour une pression constante

CHAPITRE 2

Bien que les sensibilités soient quasiment les mêmes dans l'intervalle $1/n \in$ à $[0.5; 1]$ et $s \leq 5$, nous avons tout intérêt à choisir la forme de la structure pour laquelle la flexion à l'extrémité de la poutre est maximale pour une pression constante. Ainsi, des micropoutres présentant un plateau de longueur égale à la moitié de la longueur totale ($1/n = 0.5$) et de largeur trois à cinq fois celle de la poutre ($s = 3$ ou 5) semblent intéressantes pour faciliter la mesure intégrée du mouvement (flexion).

5. Améliorations

Fort de ces résultats sur l'étude et l'optimisation de la sensibilité, des améliorations peuvent être apportées :

➢ Le premier point est d'envisager de déposer la couche sensible sur toute la surface : dans ce cas dans le modèle $\xi_2 = \xi_1$.
La sensibilité à la concentration de gaz S_{Cg}^{f/f_0-1} est alors constante quelque soit la géométrie (taille et forme) de la poutre et est égale à sa valeur maximale :

$$S_{Cg}^{f/f_0-1}\Big|_{max} = \frac{Kh_2}{2\rho_1 h_1} \quad (II.53)$$

Toujours dans le cas où la couche sensible recouvre toute la structure (bras+plateau) la sensibilité à la concentration de gaz pour une mesure de fréquence est égale à :

$$S_{Cg}^{f} = \frac{Kh_2}{4\pi L^2} \frac{1}{\sqrt{\xi_1}} \sqrt{\frac{\hat{E}_1}{\rho_1^3}} \quad (II.54)$$

La figure II.14 représente l'évolution de la fonction $1/\sqrt{\xi_1}$ proportionnelle à la sensibilité S_{Cg}^{f} pour différentes géométries (n et s varient). L'allure générale de la courbe est, excepté pour les petites valeurs de $1/n$, semblable à la fonction $\xi_2/\xi_1^{3/2}$ (figure II.11) correspondant au cas où la couche sensible est déposée seulement sur le plateau à l'extrémité de la poutre.

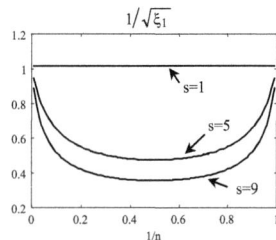

FigureII.14. Evolution de la fonction $1/\sqrt{\xi_1}$ proportionnelle à S_{Cg}^{f} lorsque toute la surface est recouverte de couche sensible

CHAPITRE 2

➢ Une seconde alternative alloue la possibilité de couvrir les deux surfaces opposées de la poutre. Ainsi, les sensibilités seraient multipliées par deux et les effets de contraintes dus à l'effet bilame seraient compensés.

➢ Enfin, l'utilisation de microponts (Figure II.15) peut être intéressante en terme de sensibilité. Comme pour les micropoutres, si le pont est entièrement recouvert de couche sensible alors la sensibilité relative à la concentration de gaz est égale à $S_{Cg}^{f/f_0-1} = Kh_2/2\rho_1h_1$ et pour une même longueur la sensibilité $S_{Cg}^f = f_0 S_{Cg}^{f/f_0-1}$, proportionnelle à la fréquence de résonance propre de la structure, est beaucoup plus élevée (sept fois plus) que celle d'une micropoutre.

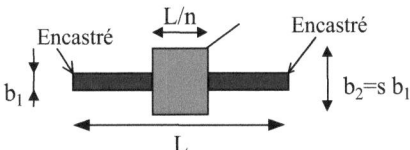

Figure II.15. Paramètres géométriques du micropont

Les microponts semblent donc être plus sensibles que les micropoutres, cependant subsiste le problème inhérent à la flexion : en effet pour une longueur L donnée et une pression constante fixée, le micropont bouge beaucoup moins que la micropoutre (rapport d'environ 50).

6. Comparaison avec les capteurs à ondes acoustiques

Comme il a été remarqué précédemment dans le paragraphe 2 de la partie IV), la comparaison avec les dispositifs à ondes acoustiques peut être faite en calculant la sensibilité gravimétrique notée S :

$$S = \frac{1}{Kh_2} S_{Cg}^{f/f_0-1} \qquad (II.55)$$

Venant de montrer que lorsque la couche sensible recouvre entièrement la structure mobile, la sensibilité à la concentration de gaz vaut $S_{Cg}^{f/f_0-1}{}_{max} = \frac{Kh_2}{2\rho_1h_1}$. La sensibilité gravimétrique peut donc s'écrire :

$$S = \frac{1}{2\rho_1 h_1} \qquad (II.56)$$

Pour une microstructure en silicium ($\rho_1 = 2330$ kg/m^3), la sensibilité gravimétrique correspondant à des épaisseurs de 1 ou 5µm sont respectivement égales à 214 et 43 ppm.mm^2/ng.

Ces valeurs peuvent être comparées aux valeurs classiques obtenues avec des capteurs à ondes acoustiques [8] : 1.4 ppm.mm^2/ng pour les capteurs à ondes de volume (BAW), 13.3 ppm.mm^2/ng pour les capteurs à ondes de surface (SAW), 1.5 ppm.mm^2/ng pour les dispositifs à ondes de plaques transverses horizontale (SH-APM), 22 ppm.mm^2/ng pour les capteurs à ondes de Love et 45 ppm.mm^2/ng pour les capteurs à onde de Lamb. On voit donc que la sensibilité gravimétrique est comparable ou plus importante mais les dispositifs ne fonctionnant pas du tout aux mêmes fréquences (quelques kilohertz ou quelques centaine de mégahertz) il faut être très prudent sur cette comparaison.

V. Conclusion

Ce chapitre nous a permis de développer la résolution analytique des équations générales issues de la mécanique d'une microstructure mobile, pour la détermination de la fréquence de résonance.

Nous avons mis en avant dans la première partie la dépendance de la fréquence de résonance par rapport à la masse en considérant trois cas. La mise en équation de la fréquence de résonance a d'abord été calculée dans le cas d'une poutre simple et homogène avant d'être exprimée pour une poutre bimorphe ou encore dans le cas où nous ajoutons une masse supplémentaire à l'extrémité de la poutre.

Dans le cadre de la détection d'espèces chimiques en milieu gazeux la micropoutre est recouverte d'une couche sensible capable d'adsorber les molécules cibles à détecter : nous avons montré dans la deuxième partie qu'une nouvelle approche proposant des géométries innovantes comparées aux structures usuellement étudiées permettait non seulement d'augmenter la sensibilité mais facilitait la mesure. En outre, la résolution analytique des équations devenant difficile, l'étude de ces nouvelles structures composées d'un plateau carré ou rectangulaire à l'extrémité de la poutre a nécessité un calcul approché. L'utilisation de la méthode de Rayleigh, consistant à égaliser l'énergie cinétique à l'énergie potentielle, nous a donc permis, de déterminer avec précision la fréquence de résonance de la poutre à condition de considérer une déformée réaliste (nous avons choisi le cas d'une contrainte de type pression constante).

La troisième partie concernant les simulations numériques par la méthode des éléments finis a eu pour objectif de valider le modèle analytique de la fréquence de résonance en corrélant la théorie aux résultats issus de la simulation. Pour étudier le comportement fréquentiel d'une micropoutre, les simulations ont été réalisées avec le logiciel Ansys utilisant pour la résolution la méthode des éléments finis. Les premières simulations ont consisté à suivre, pour des poutres de différentes géométries, l'évolution de la fréquence de résonance en fonction de la forme des structures. Les résultats obtenus en confrontant le modèle aux simulations numériques ont montré une bonne corrélation. Cette comparaison concluante a permis de valider le modèle théorique et nous a ensuite conduit à l'optimisation du capteur au travers de l'étude de la sensibilité.

Dans la dernière partie nous avons commencé par énumérer les différentes sensibilités mises en jeu dans le cas où les micropoutres sont utilisées en tant que capteur de masse (microbalance) ou capteur de gaz dont le signal de sortie est soit la fréquence de résonance (S_m^f, S_{Cg}^f) soit la variation relative de fréquence de résonance ($S_m^{f/f_0-1}, S_{Cg}^{f/f_0-1}$). L'optimisation du capteur a ensuite consisté à étudier les sensibilités ainsi définies en fonction des paramètres géométriques comme la taille de la structure (L_1, b_1, h_1), sa forme (n, s) et la nature du matériau constituant la poutre ($\hat{E}_1, \rho_1$). Les résultats ont montré que pour un matériau donné et une longueur connue, la sensibilité à la concentration de gaz demeurait quasiment constante quelque soit la forme de la poutre et que le choix de cette dernière serait déterminé en maximisant la flexion sous pression constante.

En regard de ces résultats, des améliorations pour le capteur chimique ont été proposées, notamment en déposant la couche sensible sur toute la surface de la poutre ou encore avec l'alternative du micropont allouant des sensibilités plus élevées dues à des fréquences de fonctionnement plus élevées.

CHAPITRE 2

Références

[1] R.D. Blevins, Formulas for natural frequency and mode shape, *Van Nostrand Reinhold Company, pp. 108, (1978)*.

[2] R. Yahiaoui, A. Bosseboeuf, Improved modelling of the dynamical behaviour of cantilever microbeams, *MME 2001, Cork, Ireland, pp. 281-284, (2001)*.

[3] S.P. Timoshenko, Résistance des matériaux, *Tome 1, Dunod Technique, pp. 208, (1968)*.

[4] R.D Blevins, Formulas for natural frequency and mode shape, *Van Nostrand Reinhold Company, pp.159, (1978)*.

[5] W.T. Thomson, Vibration theory and applications, *Prentice Hall, Englewood Cliffs, NJ, (1965)*.

[6] J.D.N. Cheeke, Z. Wang, Acoustic wave gas sensors, *Sensors and Actuators B, vol. 59, pp. 146-153, (1999)*.

[7] J.W. Grate, M.H. Abraham, Solubility interactions and the design of chemically selective sorbent coatings for chemical sensors and arrays, *Sensors and Actuators B, 3, pp. 85-111, (1991)*.

[8] C. Zimmermann, D. Rebière, C. Déjous, J. Pistré, R. Planade, Love waves to improve chemical sensors sensitivity theoretical and experimental comparison of acoustic modes, in : *Proceedings of the Frequency Control Symposium, 8 pp. (2002)*.

CHAPITRE 3

Nous allons présenter dans ce chapitre la réalisation des microstructures ainsi que leur caractérisation. Nous commencerons par détailler le procédé technologique utilisé pour la réalisation des microcapteurs ainsi que les modes d'actionnement et de mesure choisis en vue de l'intégration du système. Le système de mesure de la fréquence de résonance réalisé à l'aide d'un oscillateur sera ensuite décrit. Puis, nous présenterons la caractérisation des microstructures sans couche sensible.

Les résultats expérimentaux ainsi obtenus seront ensuite comparés, pour la fréquence de résonance et le facteur de qualité, aux modèles théoriques développés. Enfin, l'étude du rapport signal sur bruit conduira à des comparaisons entre les différentes structures réalisées.

I. Procédé technologique de fabrication des micropoutres ou microponts

Au total six plaquettes ont été utilisées pour la réalisation de micropoutres ou microponts : quatre substrats silicium type N de 4 pouces (diamètre 100 mm) et deux substrats SOI (Silicon On Insulator) type N. Pour les wafers de silicium, nous avons choisis des plaquettes de type N faiblement dopées (concentration du dopage 10^{16} atomes.cm^{-3}) pour y réaliser des jauges de contraintes de type P et d'orientation cristalline <100>. Les plaquettes de SOI également d'orientation cristalline <100>, présentent une résistivité comprise entre 20 et 30 ohm.cm. L'épaisseur de la couche d'oxyde séparant la couche SOI du substrat silicium a une épaisseur de 0.5µm servant de couche d'arrêt lors des gravures profondes en DRIE.

Parmi les différents modes d'actionnement et de détection cités dans le chapitre I, nous avons retenu pour la réalisation de nos microcapteurs une mesure piézorésistive et un actionnement soit électromagnétique soit s'effectuant à l'aide d'une céramique piézoélectrique externe. Pour la réalisation technologique il conviendra alors de créer, par dopage d'une zone, des jauges de contrainte piézorésistives à la surface des poutres, mais également des pistes électriques en aluminium nécessaires pour l'excitation magnétique. Les étapes technologiques, auxquelles j'ai pu participer se sont déroulées dans la salle blanche de l'ESIEE (Ecole Supérieure d'Ingénieurs en Electronique et Electrotechnique, Marne la Vallée, France), [1].

CHAPITRE 3

1. Description des différentes étapes technologiques

Le procédé technologique du capteur fait appel à cinq niveaux de masques. Les deux premiers assurent l'élaboration des jauges de contraintes, le troisième niveau est dédié aux contacts électriques. Enfin, les deux derniers définissent la géométrie des micropoutres pour la gravure face avant et face arrière du silicium en DRIE. Nous allons à présent décrire précisément les différentes étapes technologiques menant à la réalisation physique des micropoutres ou microponts. Toutes les étapes du procédé technologique font appel à la photolithographie dont nous allons rappeler le principe et la méthodologie.

1.1. Photolithographie : principe et méthodologie

La photolithographie consiste à déposer une résine photosensible épaisse en film mince (quelques fractions de micromètre à plusieurs micromètres), uniforme, de grande qualité et fortement adhérente. Ces résines sont des composés organiques (généralement des polymères thermoplastiques) dont la solubilité est affectée par le rayonnement UV. Il existe deux types de résines :

- les résines négatives pour lesquelles le rayonnement ultraviolet entraîne une polymérisation des zones exposées, conférant ainsi à ces zones une tenue particulière au solvant de révélation alors que les parties non insolées disparaissent sélectivement dans ce solvant.

- les résines positives pour lesquelles le rayonnement UV entraîne une rupture des macromolécules, d'où une solubilité accrue des zones exposées dans le révélateur.

L'opération de dépôt de la résine photosensible, souvent désignée par "spin coating", s'effectue par centrifugation au moyen d'une tournette composée d'un système permettant la mise en rotation à grande vitesse de la plaque à résiner. Cette dernière est maintenue par aspiration à vide sur un support solidaire du plateau en rotation. L'épaisseur finale de la couche de résine est principalement fonction de la quantité de résine déposée sur l'échantillon, et des conditions de rotation (accélération, vitesse, temps). La résine photosensible, visqueuse après son étalement sur l'échantillon, est alors durcie sur une plaque chauffante ou dans un four, de façon à éliminer toutes les traces de solvant avant son insolation.

Pour l'alignement et l'insolation de motifs d'un masque sur la plaque, un aligneur à UV est utilisé permettant le masquage par contact. Pour toutes les photolithographies la résine épaisse qui a été utilisée est la PFR 7790.

1.2. Etapes de photolithographie

a) Photolithographie 1 : oxydation, ouverture et dopage

Après un nettoyage et un dégraissage des plaquettes dans un bain de solvant (trichloréthylène, acétone) puis d'acide (H2SO4, HNO3, HF), la première étape consiste à élaborer les jauges de contraintes. Nous commençons par une oxydation humide de 4500Å qui servira de couche de protection lors de la diffusion du bore dans le silicium. Nous réalisons ensuite la première photolithographie permettant de faire les ouvertures dans l'oxyde et de définir la forme des jauges. Les jauges de contrainte sont constituées de deux bras de longueurs 400µm et de largeur 40µm, ces deux bras étant reliés à leurs extrémités par un rectangle de 200µm de long sur 120µm de large. L'attaque oxyde se fait par voie humide au buffer HF 10%. Après nettoyage, le pré-dépôt type P de bore effectué à 975°C sous N2 pendant 20 minutes, permettant de former des zones piézorésistives n'est pas réalisé sur toute l'épaisseur du substrat mais seulement en surface jusqu'à une profondeur de gravure égale à 1.4µm (valeur imposée par la technologie). La dernière étape est un recuit oxydant d'une heure facilitant la diffusion du bore dans le silicium et la passivation des jauges (Figure III.1). En théorie la valeur de la résistance carrée après le pré-dépôt est avant recuit d'environ 270Ω/ et de 800Ω/ après le recuit (valeurs simulées sous le logiciel « Sylvaco »). Les mesures donnent des valeurs légèrement inférieures soit 200Ω/ avant recuit et 700Ω/ après recuit.

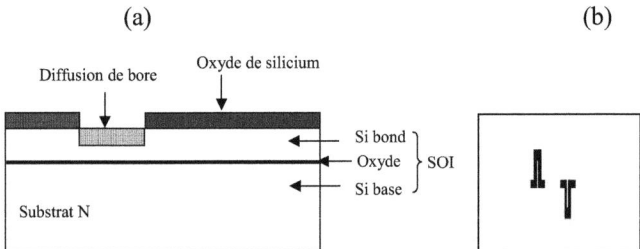

Figure III.1. (a) : Vue en coupe du procédé technologique : oxydation, ouverture et dopage,(b) : Zoom sur le masque (photolithographie 1)

b) Photolithographie 2 : ouverture contacts jauges

Cette deuxième étape de photolithographie crée les ouvertures dans l'oxyde de passivation pour définir les contacts sur les jauges. Après la photolithographie, la gravure des contacts dans l'oxyde est réalisée dans une solution de buffer HF 10% avec un temps estimé de 10 min (Figure III.2). Cette étape de gravure est préalablement testée sur une plaque témoin et la fin de la gravure est visible à l'œil nu.

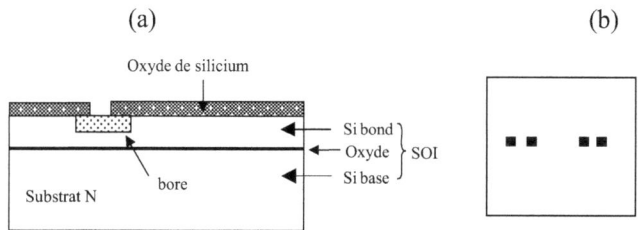

Figure III.2. (a) : Vue en coupe du procédé : ouverture contact, (b) : Zoom sur masque (photolithographie 2)

c) Photolithographie 3 : définition des zones métalliques

Cette étape permet non seulement de créer le plot de contact pour avoir accès à la piézorésistance mais également de réaliser sur certaines structures une piste électrique en aluminium nécessaire pour l'actionnement électromagnétique (Figure III.3b). Ainsi, après nettoyage (solvant + acide) une fine couche d'aluminium de 1µm est déposée par pulvérisation cathodique (500W) à température ambiante pendant 10 min avec une vitesse de 1000Å/min. La largeur des pistes d'aluminium est fixée par la limite de la largeur des motifs (25µm, car les masques sont en gélatine) et vaut 40µm. Après le dépôt, la troisième photolithographie définit la forme des contacts électriques.

L'étape de gravure au « Al Etch » composé d'une solution chimique d'acide orthophosphorique est réalisée en humide avec un temps estimé à 6min (1700Å/min). Comme pour la gravure au HF le temps de gravure est préalablement estimé avec un témoin auquel nous ajoutons 10% du temps. Enfin un recuit sous N_2 pendant 30 min à 450°C est nécessaire avant la quatrième photolithographie (Figure III.3).

CHAPITRE 3

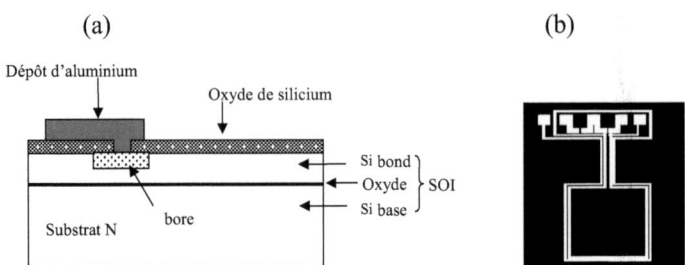

FigureIII.3. (a) : Définition des zones recouvertes d'aluminium (b) : Zoom sur le masque (photolitographie 3)

d) Photolithographie 4 : gravure face avant

La quatrième étape de photolithographie consiste à réaliser une gravure sèche face avant. La gravure sèche est en réalité une technique de *gravure plasma* dans laquelle interviennent à la fois les effets de bombardement par des ions et la réaction chimique. On la dénomme D.R.I.E. pour « Deep Reactive Ion Etching » et désigne en français la gravure profonde ionique réactive. Le principe du procédé, peut se résumer en six étapes successives comme suit :

- génération dans le plasma des espèces pouvant attaquer chimiquement la couche,
- transfert des espèces réactives depuis le plasma vers la surface de la couche à graver,
- adsorption de l'espèce attaquante à la surface,
- réaction avec le matériau de surface. Le matériau produit par la réaction doit être volatil pour pouvoir quitter la surface,
- désorption du produit de réaction,
- diffusion dans l'environnement gazeux.

Les conditions expérimentales de la gravure anisotrope en DRIE face avant, issues du « *procédé Bosch* », donnent à température ambiante une vitesse de gravure de 2µm/min. L'épaisseur du SOI étant relativement faible (< 20µm), nous avons utilisé une résine épaisse, la PFR 7790, pour servir de couche de protection. Avant d'effectuer la gravure, l'oxyde SiO_2 de passivation doit-être retiré de manière à être directement en contact avec le silicium.

Cette étape permet aussi d'enlever l'oxyde situé en face arrière déposé par oxydation thermique lors de la première étape. Enfin, la gravure utilise comme couche d'arrêt l'oxyde du SOI (Figure III.4).

(a)   (b)

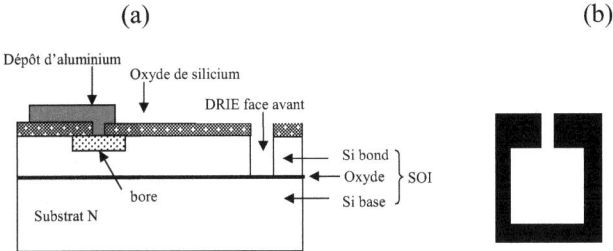

Figure III.4. (a) : Gravure face avant DRIE, (b) : Zoom sur le masque (photolithographie 4)

e) Photolithographie 5 : gravure face arrière

La gravure face arrière nécessite tout d'abord de protéger la face avant avec de la résine épaisse PFR 7790 qui sert de couche de protection pour la fin de gravure. Nous effectuons un dépôt face arrière par pulvérisation de 5000Å d'aluminium qui va servir de couche de protection pour la gravure profonde du silicium. Nous réalisons alors la cinquième photolithographie avec un alignement double face pour aligner les ouvertures de gravure face arrière avec les géométries face avant. La gravure en DRIE de l'épaisseur complète du substrat (525µm) est alors faite et s'arrête sur l'oxyde du SOI. La libération des structures est obtenue en gravant l'oxyde du SOI (Figure III.5). Les premiers essais de gravure de l'oxyde ont été réalisés par attaque chimique au Buffer HF 10%, mais les poutres trop contraintes flambaient ce qui eu pour conséquence de trop fragiliser les microstructures. Pour limiter ce phénomène nous avons eu recours à la gravure au plasma RIE de l'oxyde sur la poutre.

(a)   (b)

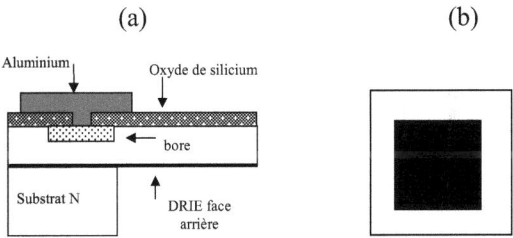

Figure III.5. (a) : Gravure face arrière : libération des poutres, (b) : Zoom sur masque (photolithographie5)

La dernière étape a été la découpe finale des plaquettes en puces de forme carrée de 1 cm de côté. Pour cette étape plusieurs options ont été envisagées :
- DRIE face avant, prédécoupe DRIE, DRIE face arrière, clivage,
- DRIE face avant, prédécoupe scie (250µm et 150µm), DRIE face arrière, clivage,
- DRIE face avant, DRIE face arrière, dépôt de résine et scie.

Parmi ces trois possibilités la deuxième est celle qui a été retenue et testée. Cependant, pour la prédécoupe à la scie nous avons gardé celle à 150µm car à 250µm la plaque s'émiettait très vite.

Par ce procédé de fabrication utilisant entre autre la technologie SOI, nous avons obtenu des poutres de 5µm d'épaisseur correspondant aux plaquettes de SOI utilisées. Pour les structures obtenues avec les plaquettes de silicium, différentes épaisseurs ont été obtenues en fonction du temps de gravure. Nous ferons donc par la suite une distinction entre les *poutres épaisses* et les *poutres fines* de 5µm d'épaisseur.

2. Structures étudiées

Nous allons présenter les structures étudiées (micropoutres ou microponts) en détaillant les paramètres géométriques et la composition d'une puce de silicium de 1cm de côté obtenue après la découpe des wafers.

Les micropoutres

Différentes formes pour le couple « bras, plateau » ont été étudiées en faisant varier respectivement les paramètres longueur (L_1, L_2) et largeur (b_1, b_2) :

- pour le bras caractérisé par les paramètres géométriques L_1 et b_1, deux longueurs (500µm et 1mm) et deux largeurs (200µm et 400µm) ont été retenues.
- pour le plateau, quatre longueurs L_2 (500µm, 1mm, 2mm et 3mm) et quatre largeurs b_2 (500µm, 1mm, 2mm et 3mm) ont été considérées, ce qui a permis d'obtenir des plateaux carrées ou rectangulaires.

Les microponts

Une des améliorations envisagée lors de l'optimisation de la sensibilité des microcapteurs a été l'utilisation des microponts. Ces structures mobiles encastrées à deux extrémités opposées offrent des sensibilités élevées mais, pour une même sollicitation, l'amplitude d'oscillation de ces microponts est moins importante que celle des micropoutres. Quatre géométries différentes ont été réalisées, faisant varier la longueur totale du pont $L = 2L_1+L_2$, la largeur du bras b_1, la longueur L_2 et largeur du plateau b_2. Ces paramètres prennent respectivement les valeurs $L = 2mm$ et $3mm$, $L_2 = b_2 = 1mm$ et $2mm$ et $b_1 = 200\mu m$ et $400\mu m$. Parmi l'ensemble des différentes géométries, un lot de 22 poutres et 4 ponts a été retenu.

<u>Nomenclature</u>

Pour faciliter leur repérage, chaque structure est identifiée selon un code de chiffre et de lettre. Le chiffre romain I ou II indique la largeur du bras ($b_1 = 200\mu m$ ou $400\mu m$), la lettre B ou C désigne la longueur du bras ($L_1 = 500\mu m$ ou $1mm$) et le dernier chiffre décrit la forme du plateau. Pour indiquer qu'il s'agit d'un pont la lettre P est intercalée entre le chiffre indiquant la largeur du bras et la lettre indiquant la longueur.

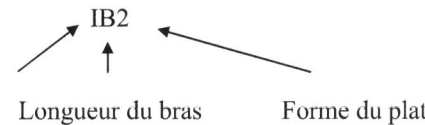

Largeur du bras   Longueur du bras   Forme du plateau

Si nous prenons l'exemple de la structure IB2 : $b_1 = 200\mu m$, $L_1 = 500\mu m$, $L_2 = 500\mu m$, $b_2 = 500\mu m$. Les paramètres géométriques de chaque type de structures désignées par leur code sont résumés en annexe 1. Les structures sont classées suivant deux catégories : pour les structures désignées par le chiffre I (largeur de bras = $200\mu m$) l'actionnement magnétique n'est pas possible car il n'y a pas de piste électrique. Au contraire les structures dont la largeur de bras est égale à $400\mu m$ (chiffre II) peuvent être actionnées magnétiquement.

3. Composition d'une puce

La découpe des wafers de silicium et de SOI contenant chacun au total 188 structures, dont 22 différentes a été réalisée de manière à obtenir 47 puces de silicium de 1cm de côté facilement manipulables. Chaque puce de silicium contient deux paires de structures différentes deux à deux comme le montre la figure III.6. Cette disposition nous laisse d'une part la possibilité de faire des mesures différentielles, et d'autre part d'utiliser deux capteurs différents simultanément.

CHAPITRE 3

La mesure différentielle consiste à déposer la couche sensible seulement sur une structure, permettant par là même de s'affranchir des variations du signal dues à des variations autres que la présence d'espèces sorbées (ex : température). Par ailleurs, l'utilisation simultanée de plusieurs structures permet de faire une étude comparative menant à la sélection de la meilleure structure en termes de sensibilité.

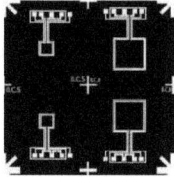

Figure III.6. Composition d'une puce de silicium

4. Mise en boîtier

Pour la partie électronique chaque puce formée de deux paires de micropoutres est reportée dans un boîtier approprié. Un premier lot de 7 puces a été inséré dans des boîtiers métalliques creux et profonds de type « cuvette » (Figure III.7a), pour toutes les autres structures nous avons utilisé des boîtiers en céramique type « DIL40 » (Figure III.7b). Pour les deux types de boîtiers le câblage de la puce s'est effectué au fil d'or par la technique de « Ball bonding ». Les boîtiers « cuvette » ont permis de placer jusqu'à deux puces par boîtier, mais surtout de coller une pastille piézoélectrique directement sous les puces (Figure III.7c). Ils ont l'inconvénient, toutefois, de nécessiter des fils de connexion longs et s'en trouvent d'autant plus fragilisés lors des manipulations.

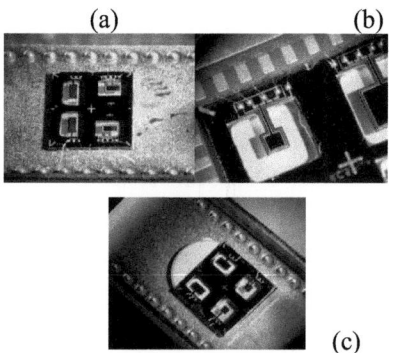

Figure III.7. Les différents boîtiers utilisés : (a) : Boîtier type cuvette, (b) : Boîtier DIL 40, (c) : Boîtier cuvette avec céramique piézoélectrique collée sous la puce

II. Intégration du système

Un des points forts dans la réalisation de nos microcapteurs est l'intégration du système par la mise en mouvement des poutres grâce à un actionnement piézoélectrique ou électromagnétique et la mesure intégrée du mouvement à l'aide de piézorésistances. Dans cette partie, nous allons tout d'abord décrire les deux modes d'actionnement en décrivant les différents transducteurs utilisés puis nous présenterons la mesure intégrée du mouvement.

1. Mode d'actionnement et mesure

Pour la mise en oscillation de nos micropoutres en régime dynamique, nous avons choisi, parmi les différentes techniques décrites dans le chapitre I, un mode d'actionnement de nature piézoélectrique, ou électromagnétique.

1.1. Actionnement piézoélectrique

Dans notre cas, l'actionnement piézoélectrique de la microstructure se fait en externe grâce à une céramique piézoélectrique comme illustré à la figure III.8. Sous l'effet d'une tension appliquée aux bornes de la pastille piézoélectrique, la céramique se déformant déplace le support des micropoutres et donc, par inertie, met en mouvement les poutres.

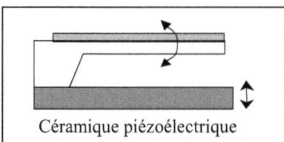

Figure III.8. Schéma de principe pour l'actionnement piézoélectrique

Pour nos mesures, nous avons testé trois types de céramiques en PZT (Titane Zircone de Plomb) : des disques céramiques plats de différents diamètres (10 et 35mm) et d'épaisseur 1mm et deux types de céramiques multicouches « PICMA^{TM} » (PI Ceramic Monolithic Actuator). Par rapport aux transducteurs piézoélectriques plus traditionnels, ces céramiques sont reconnues pour leur haute performance et fiabilité dans des conditions d'environnement extrêmes (température jusqu'à 350°C) et de longue durée de vie en régime statique ou dynamique.

CHAPITRE 3

L'ensemble de ces céramiques ne pouvant être collé directement sous la puce en silicium, nous avons dû concevoir un banc de mesure permettant de faire vibrer tout le système « *boîtier+puce* » et par inertie la poutre. Le banc de mesure utilisé figure III.9 se compose : d'un socle massif en aluminium, d'une céramique piézoélectrique, et d'un système de serrage à base de vis et de fines plaques en aluminium.

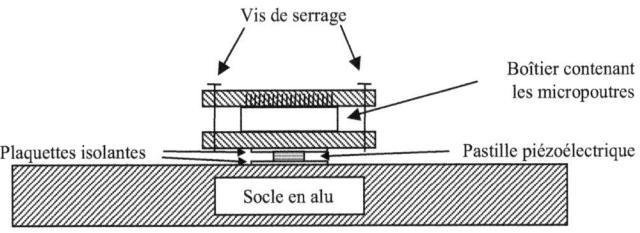

Figure III.9. Banc de mesure

Le socle en aluminium sert d'embase et a été usiné suffisamment épais pour que la céramique n'actionne que la partie supérieure du banc.

1.2. Actionnement électromagnétique

Dans ce cas, la mise en vibration de la poutre repose sur l'utilisation de la force de Laplace. En présence d'un champ magnétique $\vec{B}$ continu crée par un aimant, couplé au passage d'un courant alternatif via les pistes d'aluminium déposées à la surface, la poutre subit la force de Laplace conduisant à sa flexion.

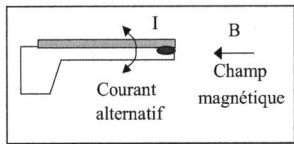

Figure III.10. Schéma de principe de l'actionnement électromagnétique

Cependant pour l'excitation électromagnétique il est intéressant de noter que seul le courant circulant dans le segment 2 (Figure III.11) crée une force de Laplace $\vec{F}_L = I\vec{b} \wedge \vec{B}$ provoquant la flexion de la poutre dans le sens vertical. Le courant qui circule dans les segments 1 et 3 étant colinéaire au champ magnétique, $\vec{B}$ la force résultante est nulle.

De plus, si nous choisissons $\vec{B}$ non colinéaire à ces deux segments les deux courants I_1 et I_3 circulant dans le segment 1 et 3 sont opposés et les forces respectives s'équilibrent.

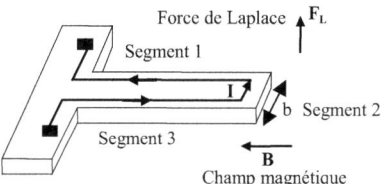

Figure III.11. Schématique de la poutre pour l'actionnement magnétique

Ce mode d'excitation impose des contraintes comme la limitation du courant circulant à la surface de la poutre, ce dernier ne doit pas excéder 10mA sous peine de détériorer les pistes. En effet un courant trop fort entraîne des problèmes de surchauffe et sans dissipation de cette énergie les pistes d'aluminium sont endommagées. La source magnétique créée par l'aimant est souvent difficile à contrôler par rapport à l'orientation des lignes de champ ce qui impose de garder toujours la même position de l'aimant. Pour les boîtiers type « cuvette » la nature magnétique a perturbé l'excitation ainsi nous avons privilégié pour ce mode d'excitation les boîtiers « DIL40 ». Nous avons réalisé un deuxième banc de mesure dédié à l'actionnement électromagnétique. Ce banc est composé de deux parties distinctes, reliées entre elles par un système de vis. La première partie est le socle et l'autre partie est constituée d'un barreau en aluminium (Figure III.12) permettant de fixer le boîtier.

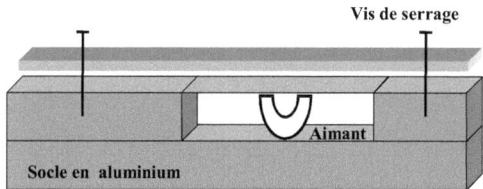

Figure III.12. Banc de mesure pour l'actionnement électromagnétique

Comme pour l'excitation piézoélectrique le boîtier contenant les puces en silicium est coincé entre le socle et le barreau en aluminium. En faisant circuler un faible courant alternatif (inférieur à 10mA) via les pistes en aluminium la micropoutre entre en vibration et se met à osciller à la fréquence du courant d'excitation.

2. Mesure intégrée du mouvement

Dans un souci de miniaturisation et d'intégration, la mesure des déformations des microstructures, provoquées par la force de Laplace ou par la céramique piézoélectrique, est une mesure piézorésistive. Pour nos mesures deux piézorésistances ont été implantées à la surface des microstructures : une première jauge est localisée là où les contraintes sont maximales soit à l'encastrement du bras de la poutre, la seconde est gravée sur le substrat en silicium. La figure 13a représente le dessin du masque de la micropoutre IB2 et montre la position des deux jauges de contraintes. L'ensemble des deux jauges piézorésistives constitue un demi-pont de Wheatstone dont le modèle électrique est illustré figure 13b. L'excitation piézoélectrique ou magnétique fait vibrer la poutre provoquant au travers des contraintes induites des variations de la résistance de la jauge placée à l'encastrement de la poutre. La tension de sortie est alors prélevée au point milieu des deux piézorésistances.

(a) (b)

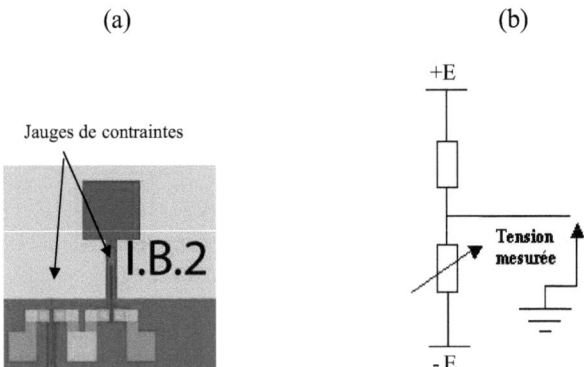

Figure III.13. (a) : Schéma des piézorésistances implantées à la surface de la poutre IB2, (b) : Modèle électrique des piézorésistances

3. Système de mesure de la fréquence de résonance

Pour faciliter le système de mesure et obtenir directement un signal électrique correspondant à la fréquence de résonance de la microstructure, nous avons réalisé un montage électronique de type oscillateur.

CHAPITRE 3

Rappelons qu'un oscillateur est un amplificateur contre réactionné dans des conditions instables pour lequel une tension s'autoentretien à une certaine fréquence. Une électronique spécifique a été développée pour réaliser l'oscillateur : le signal de sortie issu du pont de jauges piézorésistives est amplifié par l'intermédiaire d'un amplificateur d'instrumentation faible bruit et réinjecté en phase sur la tension de commande de l'excitation de la micropoutre (Figure III.14). Pour s'assurer de la mise en oscillation du système à boucle de rétroaction, et selon les conditions limites d'oscillation de Barkhausen le gain devra être supérieur ou égal à un avec une phase de 0°.

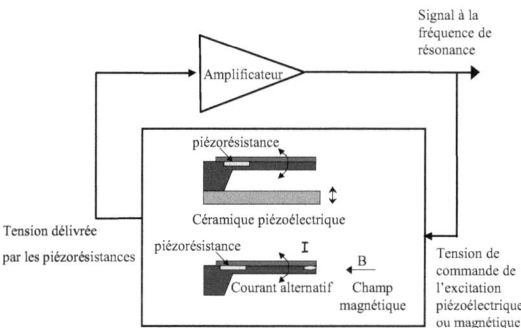

Figure III.14. Schéma de principe de l'oscillateur

Cet oscillateur est utilisable pour les deux modes d'excitation, le signal ainsi obtenu est soit branché sur la céramique piézoélectrique soit vient directement alimenter la microbobine. Nous réalisons ainsi un système bouclé dans lequel la fréquence du signal électrique correspond à la résonance mécanique de la poutre (le microcapteur constituant la chaîne de retour de ce système bouclé). A partir de ce montage la fréquence du signal électrique est mesurée à l'aide d'un fréquencemètre (HP53131) dont la précision de la mesure est, pour une poutre résonnant à 9.3 kHz, de 0.1 mHz (8 chiffres significatifs mesurés en 1.5 secondes environ).

III. Mesures : Fonction de transfert

Après avoir décrit précédemment le procédé technologique utilisé pour la réalisation des microcapteurs chimiques vibrants, les étapes nécessaires pour l'intégration du système et enfin l'électronique spécifique développée pour

CHAPITRE 3

réaliser l'oscillateur, nous allons présenter dans cette troisième partie la caractérisation des structures au travers des mesures de leur fonction de transfert. Cette partie caractérisation est essentielle, puisqu'elle permet de mettre en avant deux paramètres clés, la fréquence de résonance et le facteur de qualité, tous deux intervenant dans la sensibilité et la limite de détection du capteur. L'étude de ces deux paramètres est d'autant plus intéressante qu'elle confronte des résultats expérimentaux et théoriques nous permettant par là-même de valider ou non les modèles analytiques développés. Cette étude débutera par des mesures réalisées en boucle ouverte des structures à l'aide de l'analyseur de réseau HP4194 A : après avoir décrit le principe et le mode de mesure, nous commenterons ensuite les digrammes de Bode obtenus pour les différentes microstructures.

1. Principe et mode de mesure

La caractérisation de toutes les structures consiste à étudier la réponse en fréquence du capteur en traçant expérimentalement le diagramme de Bode de gain et de phase. Les mesures ont été réalisées en boucle ouverte à l'aide d'un analyseur de réseau HP4194 A. Le mode d'excitation employé pour réaliser les mesures de gain et de phase à l'analyseur est l'excitation piézoélectrique. En ce qui concerne la mesure piézorésistive, les jauges piézorésistives agencées en demi-pont de Wheatstone sont alimentées en continu (+ 15 V, – 15 V) avec une alimentation stabilisée. Le diagramme de Bode réalisé grâce à l'acquisition des données permet alors de déterminer la fréquence de résonance expérimentale f_{exp} et le coefficient de qualité expérimental Q_{exp} de chaque micropoutre.

2. Diagramme de Bode

Pour la caractérisation une première campagne de mesure a été réalisée sur un lot de poutres fines d'épaisseurs 5µm (wafer SOI). De la même façon des poutres plus épaisses fabriquées à partir de wafer silicium ont ensuite été testées. Pour les deux types de structures nous avons tracé le diagramme de Bode en considérant dans un premier temps une large bande passante pour avoir l'allure générale du spectre. Nous avons ensuite réduit la plage de fréquence afin d'obtenir un « zoom » du pic d'amplitude correspondant à la fréquence de résonance de la poutre. Ce zoom permet d'obtenir une meilleure précision sur la détermination de la fréquence de résonance et du coefficient de qualité.

2.1. Micropoutres fines

Les premières mesures caractérisant la série des poutres fines sont menées avec les poutres, *IB1, IB5, IB8, IB4, IIB4* de formes et de géométries différentes. Les paramètres de géométrie associés à ces dénominations se réfèrent aux codes de chiffres et de lettres explicités en annexe 1. Toutes ces structures sont constituées d'un bras de largeur 200µm ou 400µm et de longueur 500µm. Excepté pour la poutre IB1, les autres possèdent un plateau carré ou rectangulaire. Parmi l'ensemble des diagrammes nous pouvons observer à la figure 15 celui correspondant à la poutre IB4. Sur une large bande de fréquence cette structure fait apparaître un pic de résonance à 1.7kHz. Un fenêtrage plus serré centré sur la résonance permet ensuite de déterminer le coefficient de qualité expérimental Q_{exp} d'après l'expression suivante :

$$Q_{exp} = \frac{f_{exp}}{\Delta f_{-3dB}}$$

Où f_{exp} est la fréquence de résonance et Δf_{-3dB} est la largeur de bande mesurée à - 3dB.

En appliquant cette expression, le coefficient de qualité déterminé expérimentalement pour la poutre IB4 est égal à $Q_{exp} = 55$, (Figure III.15).

Pour les poutres IB5 et IB8 le coefficient de qualité déterminé expérimentalement est égal respectivement à 45 et 22. Ces deux structures sont composées d'un plateau à l'extrémité de la poutre : la micropoutre IB3 possède un plateau rectangulaire de dimensions 500µm×1mm alors que la poutre IB8 a une forme carré de 1mm×1mm. Comparé à la poutre IB1 parallélépipédique dont le coefficient de qualité $Q_{exp} = 123$, ces valeurs sont plus faibles. Cette différence s'explique par leur forme géométrique : l'existence d'un plateau placé à l'extrémité du bras apporte davantage de frottement visqueux, de plus la fréquence de résonance est plus basse, induisant par la même, une diminution du facteur de qualité. La dernière micropoutre fines IIB4 caractérisée a donné un coefficient de qualité de 71.

CHAPITRE 3

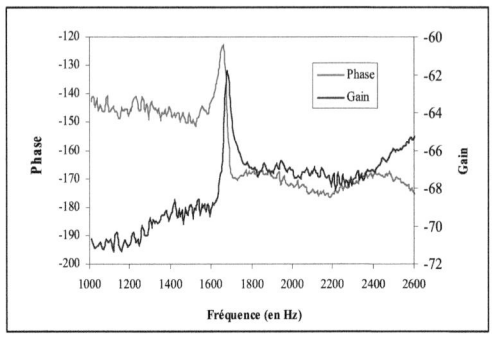

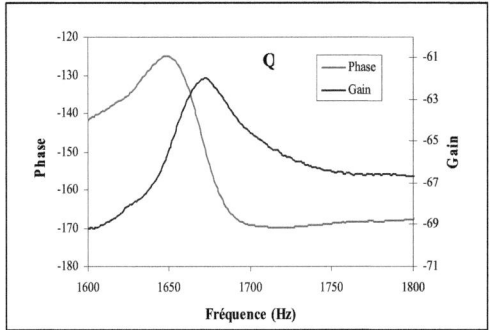

Figure III.15. Diagramme de Bode de la structure fine IB4

2.2. Micropoutres épaisses

La deuxième campagne de mesure s'est accomplie avec un lot de structures dites « épaisses » dont la gamme d'épaisseur s'étend de 20 à 160µm. Comme pour les structures fines, nous avons étudié pour ce lot de micropoutres, *IC5, IC8, IIC5, IIC8, IB6 et IB4, IIB5, IIB7 et IIB8*, la réponse en fréquence en relevant expérimentalement leur diagramme de Bode. Parmi ce lot de micropoutres épaisses, le diagramme de la structure IIB7 d'une épaisseur de 160µm est représenté à la figure III.16, sur lequel nous identifions un pic de résonance à 21.725 kHz et un coefficient de qualité de $Q_{exp} = 1551$. De la même façon nous relevons pour la poutre IC8 un pic de résonance vers 3.7 kHz et un coefficient de qualité de 626. Toutes les mesures expérimentales du facteur de qualité et de la fréquence de résonance seront récapitulées dans le tableau 3 ultérieurement dans le chapitre.

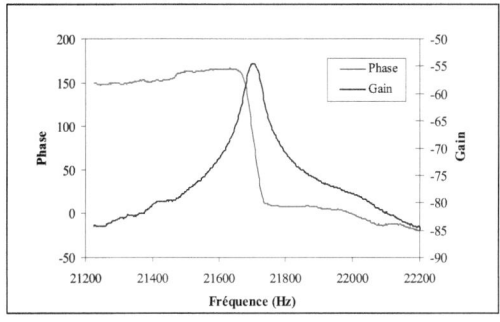

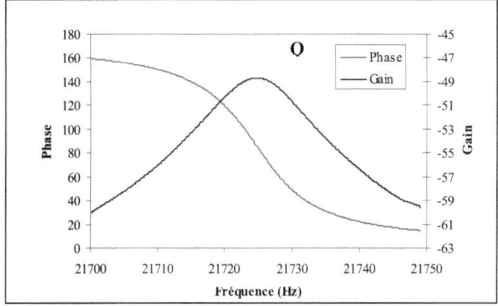

Figure III.16. Diagramme de Bode de la poutre épaisse IIB7

D'une manière générale, les poutres épaisses résonant à des fréquences plus élevées ont donné des spectres moins bruités facilitant l'association des pics aux modes de résonance de la poutre ainsi que des coefficients de qualité souvent supérieurs à ceux obtenus pour les poutres fines.

La caractérisation des micropoutres met en avant deux paramètres essentiels à considérer lorsque nous étudions ce type de capteur chimique : la fréquence de résonance d'une part et le facteur de qualité d'autre part. Ces mesures vont être confrontées au modèle analytique que nous avons développé au chapitre II (modélisation de la fréquence de résonance du capteur). Pour le facteur de qualité nous ferons appel au modèle proposé par Sader permettant de calculer le coefficient de qualité d'une micropoutre en tenant compte du milieu environnant et donc des pertes associées.

CHAPITRE 3

IV. Fréquence de résonance

A partir des diagrammes de Bode tracés précédemment, les fréquences de résonances expérimentales de l'ensemble des poutres fines vont être à présent comparées et corrélées à celles déterminé par le modèle analytique vu au chapitre II.

1. Modèle analytique

Pour déterminer la fréquence de résonance nous avons établi un modèle analytique se basant sur une approximation pour le premier mode de vibration des poutres. Par la méthode de Rayleigh nous avons obtenu l'expression de la fréquence de résonance suivante :

$$f_0 = \frac{1}{2\pi} \frac{h_1}{L^2} \sqrt{\frac{\hat{E}_1}{\xi_1 \rho_1}} \qquad (III.1)$$

Comme il est décrit dans l'équation 1, la fréquence de résonance dépend de la forme géométrique de la poutre ξ_1, de la nature des matériaux ρ_1 et $\hat{E}_1$, ainsi que des dimensions de la poutre : la longueur L et l'épaisseur h_1. Tous ces paramètres sont fixés et connus, excepté l'épaisseur qui reste imposée par le procédé technologique de fabrication. La limite que nous impose donc ce modèle est de connaître avec précision l'épaisseur h_1 de la micropoutre. Dans le cas des structures fines, la comparaison des fréquences se justifie dans la mesure où l'épaisseur est connue avec une grande précision puisqu'elle est garantie par le fabricant des plaquettes SOI. Nous allons donc pour les structures fines comparer les valeurs des fréquences de résonances relevées à partir des diagrammes de Bode à celles calculées par le modèle.

2. Corrélation entre modèle et résultats expérimentaux

Pour mener la corrélation entre le modèle analytique de la fréquence de résonance et les résultats obtenus expérimentalement, le tableau III.1 présente les fréquences théoriques calculées à partir du modèle, les fréquences réelles obtenues par la mesure au HP4194 A ainsi que leur écart relatif.

Structures	IB8	IB5	IB1	IB4	IIB4
Fréquence théorique f_0 (Hz)	393	1340	6163	1841	2507
Fréquence mesurée f_{exp} (Hz)	390	1170	6336	1607	2480
Ecart relatif (%)	- 0.76	- 12.7	2.81	- 12.7	- 1.07

Tableau III.1. Calcul de l'écart relatif pour les micropoutres fines

Pour les micropoutres fines, d'épaisseur 5µm, l'écart relatif calculé n'excède pas les 13% montrant, par là-même, une bonne corrélation entre les valeurs de la fréquence de résonance théorique et expérimentale. Nous pouvons donc conclure que le modèle analytique d'estimation de la fréquence de résonance de la poutre est validé. Notons cependant que la fréquence théorique est toujours supérieure à la fréquence expérimentale : nous reviendrons sur ce point après avoir défini le coefficient de qualité. La fréquence théorique présentée jusqu'à présent est en fait la fréquence naturelle de résonance dans le vide : la présence du milieu gazeux modifie légèrement cette fréquence.

V. Facteur de qualité

Le deuxième paramètre à considérer est le facteur de qualité : ce dernier définit la précision de la mesure et intervient principalement, comme nous le verrons par la suite, dans l'évaluation des performances du capteur. Après une brève définition du facteur de qualité nous estimerons grâce au modèle de Sader [2] le facteur de qualité théorique Q et, comme pour la fréquence de résonance, nous comparerons les valeurs calculées par le modèle avec celles déterminées expérimentalement à partir des diagrammes de Bode.

1. Définition

La quantité qui décrit les pertes dans un système résonant comme la micropoutre est en général le facteur de qualité défini comme égal à 2π fois l'énergie emmagasinée par le système (autant mécanique qu'électrique) divisé par l'énergie totale perdue par le système pendant une période [3] soit :

CHAPITRE 3

$$Q = 2\pi \frac{\text{énergie totale stockée dans la vibration}}{\text{énergie dissipée par période}} \quad \text{(III.2)}$$

Dans le cas d'un amortissement faible (ou Q élevé), ce qui est notre cas, ce coefficient de qualité s'exprime aussi comme le rapport entre la fréquence centrale et la bande passante définie à -3dB tel que :

$$Q = \frac{f_0}{\Delta f_{-3dB}} \quad \text{(III.3)}$$

Nous retrouvons ici l'expression que nous avons utilisée pour déterminer expérimentalement le coefficient de qualité. Le facteur de qualité Q dépend des pertes d'origine mécanique, essentiellement des pertes dues aux frottements visqueux avec le gaz environnant, des pertes internes (thermoélastiques, encastrement, radiation) [4] tel que :

$$\frac{1}{Q} = \frac{1}{Q_{\text{visqueux}}} + \frac{1}{Q_{\text{encastrement}}} + \frac{1}{Q_{\text{thermoélastique}}} + \frac{1}{Q_{\text{radiation}}} \quad \text{(III.4)}$$

En fonctionnement en milieu gazeux à pression atmosphérique, ce sont généralement les pertes visqueuses dans le milieu environnant qui dominent [5].

Ainsi :
$$\frac{1}{Q} \approx \frac{1}{Q_{\text{visqueux}}} \quad \text{(III.5)}$$

2. Modèle de Sader

La résolution des équations de mécanique des fluides permettant de déterminer une expression analytique du facteur de qualité Q est donnée par le modèle de Sader.

Ce modèle se base sur les approximations suivantes :

- l'amplitude de vibration doit rester petite devant les autres dimensions,
- la section de la poutre doit rester uniforme sur toute la longueur,
- la longueur de la poutre doit être très supérieure à la largeur nominale ($L \gg b$),
- le fluide est considéré comme incompressible.

CHAPITRE 3

Considérant toutes ces approximations, le modèle de Sader corrige l'expression de la fréquence de résonance dans le vide pour tenir compte de la présence du fluide entourant la poutre et donne une équation approchée du facteur de qualité. Ainsi, en régime forcée, l'expression de la fréquence de résonance f_r d'une poutre immergée dans un fluide peut être reliée à la fréquence de résonance naturelle f_0 d'une poutre dans le vide (non amortie) :

$$f_r = f_0 \frac{1}{\sqrt{1 + Lg_2/m}} \sqrt{1 - \frac{1}{2Q^2}} \qquad (III.6)$$

Où m est la masse de la poutre, L est la longueur de la poutre, Q est le facteur de qualité, f_0 est la fréquence de résonance naturelle dans le vide, g_2 est un terme correspondant à une masse équivalente additionnelle correspondant au fait que le mouvement de la poutre entraîne une partie du fluide.

En milieu gazeux, cette expression peut se simplifier :

- les valeurs des facteurs de qualité étant élevées, le terme $1/2Q^2$ devient négligeable devant 1,
- de même, $Lg_2/m \ll 1$.

L'expression devient donc :

$$f_r \approx f_0 \qquad (III.7)$$

De plus, la résolution des équations de mécanique des fluides permet également de déterminer le facteur de qualité. D'après la résolution effectuée par Sader, l'équation du facteur de qualité s'écrit :

$$Q = \frac{2\pi\sqrt{1 + Lg_2/m}}{Lg_1/m} f_0 \qquad (III.8)$$

Avec :

$$g_1 = \pi\eta R_e \Gamma_i(R_e) \qquad (III.9)$$

$$g_2 = \frac{\pi R_e}{2f_r} \Gamma_r(R_e) \qquad (III.10)$$

Où : R_e est le nombre de Reynolds tel que $R_e = \dfrac{\pi \rho_f b^2 f_r}{2\eta}$.

Pour lequel : η est la viscosité du fluide, ρ_f est la masse volumique du fluide, b est la largeur de la poutre, Γ_i et Γ_r sont les parties réelles et imaginaires de la fonction hydrodynamique :

$$\Gamma(R_e) = \Omega(R_e)\left[1 + \dfrac{4i\,K_1(-i\sqrt{iR_e})}{\sqrt{iR_e}\,K_0(-i\sqrt{iR_e})}\right] \quad (III.11)$$

K_0 et K_1 sont les fonctions de Bessel modifiées.

$\Omega(R_e)$ est un polynôme de correction permettant de prendre en compte la section rectangulaire de la poutre.

Cette méthode de calcul est itérative, $\Gamma(R_e)$ dépend de la fréquence de résonance f_r qui elle même est fonction de $\Gamma(R_e)$: le paramètre f_r du calcul par itération est initialisé à f_0 correspondant à la fréquence de résonance naturelle dans le vide.

3. Adaptation du modèle de Sader pour les micropoutres fabriquées

Dans le modèle de Sader, une des approximations faite mentionne que la section de la poutre doit rester uniforme sur toute la longueur. Compte tenu de la géométrie non homogène de nos microstructures (bras + plateau), nous ne pouvons pas considérer la largeur b uniforme : il convient dans ce cas d'adapter le modèle. Dans le modèle de Sader pour le calcul du coefficient de qualité, la grandeur caractéristique de l'écoulement représentée par la largeur nominale b intervient à la fois dans le nombre de Reynolds Re et la masse m de la poutre.

Pour le calcul du nombre de Reynolds R_e, image du comportement vis à vis du fluide, nous considérerons le plateau puisque c'est dans cette zone que les frottements sont les plus importants, ainsi $b = b_2$ (b_2 correspondant à la largeur du plateau). Pour la masse m de la poutre, nous prendrons la masse totale (bras + plateau) telle que :

$$m = \rho_1\left[L_1 b_1 h_1 + L_2 b_2 h_1\right] \quad (III.12)$$

CHAPITRE 3

Enfin, la fréquence dans le vide notée f_0 sera celle calculée par le modèle analytique développé au chapitre II.

4. Corrélation entre les mesures et le modèle de Sader modifié

Pour corréler les résultats expérimentaux au modèle de Sader modifié, le facteur de qualité est calculé dans un premier temps pour les poutres fines de 5 µm d'épaisseur puis pour les poutres dites épaisses.

4.1. Poutres fines

Le tableau III.2 récapitule pour chaque structures fines l'écart relatif entre le coefficient de qualité expérimental et celui calculé à l'aide du modèle de Sader. L'écart relatif entre la fréquence de résonance mesurée expérimentalement et celle calculée par le modèle de Sader tenant compte du fluide environnant est ensuite calculé.

Structures fines 5µm	IB8	IB5	IB1	IB4	IIB4
Q Sader	25	39	105	48	65
Q mesuré	22	45	123	55	71
Ecart relatif de Q (%)	- 13.6	13.3	14.6	12.7	8.4
Fréquence f_0 (modèle) (Hz)	393	1340	6163	1841	2507
Fréquence f_r (sader) (Hz)	351	1254	3084	1777	2434
Fréquence f_{exp} mesurée (Hz)	390	1170	6336	1607	2480
Ecart relatif de f (%)	11.1	- 6.7	4.1	- 9.5	1.8

Tableau III.2. Calcul de l'écart relatif pour les poutres fines (5µm) du coefficient de qualité et de la fréquence

Pour l'ensemble des micropoutres de 5µm d'épaisseur, les écarts relatifs calculés pour le facteur de qualité, inférieurs à 15%, montrent une bonne corrélation entre le modèle de Sader et les valeurs de Q mesurées.

Pour la fréquence de résonance, nous pouvons remarquer que la fréquence f_0 est toujours supérieure à la fréquence f_r calculée par le modèle de Sader ce qui est logique puisque la fréquence f_0 est calculée en ne tenant pas compte du milieu environnant négligeant ainsi les pertes liées aux frottements du fluide.

4.2. Poutres épaisses

L'approximation faîte à l'équation III.7 combinée aux faibles écarts relatifs calculés (TableauIII.2) confirment que notre modèle, bien que donnant la fréquence de résonance dans le vide, peut s'appliquer en milieu gazeux. Ce modèle va être utilisé pour déterminer l'épaisseur des poutres épaisses à partir des fréquences de résonance mesurées expérimentalement :

$$h_1 = 2\pi L^2 f_{exp} \sqrt{\frac{\xi_1 \rho_1}{\hat{E}_1}} \qquad (III.13)$$

Où : f_{exp} est la fréquence de résonance mesurée,

ξ_1 est une fonction de n et s, et $\hat{E}_1$ est le module d'Young effectif de la poutre.

Pour la série de structures épaisses, dont l'épaisseur est estimée à partir de l'équation III.13, le facteur de qualité est calculé avec le modèle de Sader puis comparé en calculant l'écart relatif au facteur de qualité expérimental (Tableau III.3). D'une manière générale, les micropoutres dont l'épaisseur est inférieure à 80µm montrent des écarts relatifs inférieurs à 20%, permettant de considérer le modèle valable. Par contre pour les autres micropoutres dont l'épaisseur excède 80µm, les facteurs de qualité calculés par le modèle de Sader sont très éloignés de ceux mesurés (écart relatif quasiment égal à 69%). Dans ce dernier cas les approximations faîtes par le modèle de Sader ne sont plus suffisantes pour l'estimation du facteur de qualité et il convient alors pour le calcul de Q de considérer les autres pertes (pertes à l'encastrement et pertes thermoélastiques).

CHAPITRE 3

Structures	f_0 (modèle) (en kHz)	f_{exp} (mesure) (en kHz)	h_1 estimée (μm)	Q Sader	Q_{exp} (mesuré)	Ecart relatif de Q (%)
IIB7	3.301	3.322	23	305	362	18.7
IB4	17.673	17.700	48	1308	1145	- 12.5
IB6	10.441	10.294	54	905	689	- 23.9
IC5	9.358	9.270	65	941	1003	6.6
IIC8	4.756	4.692	71	871	647	- 25.7
IIC5	15.139	14.903	75	1573	1387	- 11.8
IC8	3.685	3.662	77	781	626	- 19.8
IIC8	5.359	5.318	80	1034	773	- 25.2
IIB5	30.835	30.525	83	2740	1638	- 40.2
IIC5	17964	17.778	89	2015	1247	- 38.1
IIB8	9.724	9.616	90	1739	1098	- 36.9
IIB7	22.535	22.480	157	4937	1551	- 68.6
IIC8	10.987	10.915	164	2913	1364	- 53.2
IIC5	33.507	33.342	166	4968	1585	- 68.1

Tableau III.3. Calcul de l'écart relatif du facteur de qualité pour les micropoutres épaisses

En tenant compte des pertes liées à l'encastrement [6] et des pertes thermoélastiques [7], le facteur de qualité total est estimé par l'expression analytique suivante :

$$\frac{1}{Q_{total}} = \frac{1}{Q_{visqueux}} + \frac{1}{Q_{encastrement}} + \frac{1}{Q_{thermoélastique}} \quad (III.14)$$

Où :

$$Q_{visqueux} = Q_{Sader} \quad (III.15)$$

$$Q_{encastrement} = 2.17 \left(\frac{L}{h_1}\right)^3 \quad (III.16)$$

$$Q_{thermoélastique} = \frac{1}{2} \frac{\pi K th \left(1 + 4\frac{f_0^2 \rho_1^2 C_p^4 h_1^4}{\pi^2 Kth^2}\right)}{\alpha^2 T \hat{E}_1 f_0 h_1^2} \quad (III.17)$$

Avec : T la température, α le coefficient de dilatation, Cp la capacité thermique, Kth la conductivité thermique, f_0 la fréquence de résonance dans le vide.

Le facteur de qualité est ainsi calculé pour les différentes structures et comparé au facteur de qualité expérimental (voir Tableau III.4).

Structures	IIB7	IB4	IB6	IC5	IIC8	IIC5	IC8	IIC8	IIB5	IIC5	IIB8	IIB7	IIC8	IIC5
h_1 (µm)	23	48	54	65	71	75	77	80	83	89	90	157	164	166
Q Sader	305	1308	905	941	871	1573	803	1034	2740	2015	1739	4937	2913	4968
Q total	304	1213	851	891	844	1353	781	983	1822	1592	1471	2726	2013	1959
Q exp	362	1145	689	1003	647	1387	626	773	1638	1247	1098	1551	1364	1585
Ecart relatif de Q (%)	19.1	-5.6	-19	12.6	-23.3	2.5	-19.8	-21.4	-10.1	-21.7	-25.4	-43.1	-32.2	-19.1

Tableau III.4. Calcul du facteur de qualité total et de l'écart relatif

Le modèle de Sader nous permet d'avoir une bonne estimation du facteur de qualité mais nous pouvons noter que considérer uniquement les pertes visqueuses peut parfois être insuffisant. Par conséquent, il est plus rigoureux de calculer le facteur de qualité total prenant en compte les autres pertes, notamment les pertes liées à l'encastrement et les pertes thermoélastiques.

VI. Limite de détection : étude du rapport signal sur bruit

Pour l'optimisation du capteur il est important de privilégier la limite de détection, souvent définie comme la concentration d'espèces gazeuses minimale détectable, correspondant à une variation minimale de fréquence détectable. L'étude de cette limite de détection inclut non seulement la sensibilité du capteur mais également l'estimation de la stabilité des oscillations ou *le bruit de l'oscillateur*. La quantification du bruit s'effectue au travers de l'étude de la réponse fréquentielle de la micropoutre à un bruit de phase inséré dans la boucle de l'oscillateur. Cette procédure revient à étudier le rapport signal sur bruit du système, en calculant le rapport entre la variation en fréquence du signal pour une certaine concentration d'espèces gazeuses et la variation en fréquence correspondant au bruit de phase.

CHAPITRE 3

1. Estimation du signal

Pour chaque structure vibrante la fréquence de résonance s'écrit :

$$f_0 = \frac{1}{2\pi}\sqrt{\frac{k}{m_{eff}}} \tag{III.18}$$

Où : m_{eff} est la masse effective de la structure, k est la constante de raideur.

En présence d'un gaz la sorption d'espèces par la couche sensible peut modifier la raideur k de la structure et sa masse effective. Ces deux phénomènes contribuent à la modification de la fréquence de résonance :

$$\frac{\Delta f}{f_0} = -\frac{1}{2}\frac{\Delta m_{eff}}{m_{eff}} + \frac{1}{2}\frac{\Delta k}{k} \tag{III.19}$$

Généralement, la modification des propriétés mécaniques de la couche sensible (module d'Young et coefficient de Poisson) et donc de la raideur k de la microstructure est négligeable en comparaison de la variation de la masse induite par l'interaction gaz - couche sensible. Nous reviendrons dans le chapitre suivant sur ce point. La variation de la fréquence de résonance peut donc se simplifier :

$$\Delta f \approx -\frac{f_0}{2}\frac{\Delta m_{eff}}{m_{eff}} = -\frac{f_0}{2}\frac{\Delta m}{m} \tag{III.20}$$

Comme démontré au chapitre II, la variation m de la masse de la couche sensible peut s'exprimer en fonction de la concentration C_g du gaz dans le milieu environnant et du coefficient de partage K caractérisant l'interaction entre la couche sensible et l'espèce gazeuse considérée :

$$\Delta m = K h_2 \Sigma_2 C_g \tag{III.21}$$

Où : h_2 est l'épaisseur de la couche sensible, Σ_2 est la surface de la couche sensible en contact avec le gaz environnant.

Ainsi lorsque la couche sensible recouvre la surface de la structure le décalage en fréquence peut être relié à la concentration de l'espèce gazeuse :

$$\Delta f = -\frac{Kh_2 C_g}{\rho_1 h_1 + \rho_2 h_2}\frac{f_0}{2} \qquad (III.22)$$

Généralement la masse de la couche sensible est négligeable devant la masse de la structure et la variation de fréquence peut donc s'exprimer de façon simplifiée :

$$\Delta f_{signal} = -\frac{Kh_2 C_g}{2\rho_1 h_1} f_0 \qquad (III.23)$$

On retrouve la sensibilité S_{Cg}^{f/f_0-1} défini au chapitre II :

$$\Delta f_{signal} = -f_0\, S_{Cg}^{f/f_0-1}\, C_g \qquad (III.24)$$

La mesure de ce décalage en fréquence va permettre de mesurer la concentration C_g en espèces gazeuses dans le milieu environnant. Pour une épaisseur de structure donnée, le capteur sera donc d'autant plus sensible que sa fréquence de résonance f_0 sera importante. Cependant, dans ce dernier cas le bruit de phase due aux imperfections de l'électronique d'amplification peut aussi être augmenté.

2. Estimation du bruit

Dans le cas d'une mesure électronique intégrée de type oscillateur, la limite de détection est plutôt fixée par le bruit électronique de l'oscillateur. Pour estimer le bruit en fréquence de l'oscillateur nous allons déterminer l'influence d'une variation $\Delta\theta$ sur la fréquence de la boucle.

Après un développement en série de Taylor autour de zéro au premier ordre nous obtenons l'expression suivante :

$$\Delta f_{bruit} = \frac{-\Delta\theta}{\left(\dfrac{\partial\phi}{\partial f}\right)_{f_0}} \qquad (III.25)$$

Pour des fréquences proches de la fréquence de résonance, la fonction de transfert de la microstructure avec l'excitation et la mesure intégrées peut se mettre sous la forme :

$$H = \frac{H_0 f_0^2}{f_0^2 - f^2 + j\dfrac{f f_0}{Q}} \qquad (III.26)$$

Donc :

$$\Phi = -\text{Arc tan} \frac{f f_0}{Q(f_0^2 - f^2)} \qquad (III.27)$$

Il est alors possible d'exprimer le décalage en fréquence Δf_{bruit} dû à une variation de phase $\Delta\theta$ du montage électronique :

$$\Delta f_{bruit} \approx \frac{f_0}{2} \frac{\Delta\theta}{Q} \qquad (III.28)$$

Ce bruit dépendant de la fréquence de résonance (via le terme f_0 et le terme Q) un fonctionnement à haute fréquence pour augmenter la sensibilité du capteur peut avoir des répercussions néfastes sur la limite de détection du capteur, elle même directement liée au rapport signal sur bruit (SNR).

3. Etude du rapport signal sur bruit et de la limite de détection

Des expressions (III.19) et (III.24) établies précédemment nous pouvons en déduire le rapport signal sur bruit tel que :

$$SNR = \left|\frac{\Delta f_{signal}}{\Delta f_{bruit}}\right| = Kh_2 \frac{1}{\Delta\theta} \frac{Q}{\rho_1 h_1} C_g \qquad (III.29)$$

Nous supposerons que la limite de détection est mesurable pour un rapport signal sur bruit égal à 3. Pour cette valeur seuil nous pouvons estimer que ce que nous mesurons n'est plus du bruit mais un signal dû à la présence de gaz [8]. En posant SNR = 3, et à partir de l'équation III.25 nous en déduisons l'expression de la concentration de gaz minimale (ou limite de détection) :

$$C_{g_{limite}} = \frac{3}{Kh_2} \frac{\rho_1 h_1}{Q} \Delta\theta \qquad (III.30)$$

Cette dernière expression met en évidence les différents paramètres caractérisant la limite de détection :

- $1/Kh_2$ dû à la couche sensible,
- $\Delta\theta$ relatif au bruit de phase de l'électronique,
- $\rho_1 h_1 / Q$ lié à la géométrie et au dimensionnement de la poutre.

Pour étudier l'évolution du facteur de qualité nous avons tout d'abord tracé, à partir des mesures présentées dans les tableaux III.2 et III.3, pour chaque micropoutres fines et épaisses, les valeurs du facteur de qualité en fonction de la fréquence de résonance (Figure III.17).

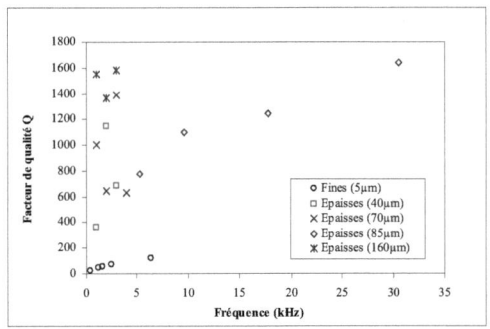

Figure III.17. Facteur de qualité mesuré en fonction de la fréquence de résonance

Comme le montre les résultats de la figure III.17, pour une épaisseur de micropoutre h_1 donnée le facteur de qualité augmente avec la fréquence, ce qui implique que le rapport signal sur bruit est maximisé lorsque le facteur de qualité est élevé, par conséquent pour de hautes fréquences de résonance. En revanche, si nous considérons plusieurs épaisseurs l'étude du rapport signal sur bruit et de la limite de détection doit se faire plus précisément.

En décomposant chaque terme de l'équation III.19 et III.24 et en supposant que les paramètres K, h_2, $\Delta\theta$ et ρ_1 sont fixés, nous pouvons alors écrire que la variation en fréquence du signal dépend de f_0/h_1 et que la variation en fréquence due au bruit dépend de f_0/Q. Les relevés expérimentaux effectués sur des poutres fines et épaisses (Figure III.18) montrent que la variation en fréquence du signal via le terme f_0/h_1 est plus importante pour les structures fines d'épaisseur 5µm. Comme prévu dans le chapitre II, ces premiers résultats expérimentaux montrent que les structures fines sont les plus sensibles.

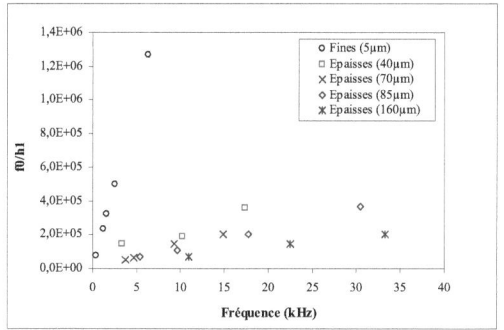

Figure III.18. f_0/h_1 en fonction de la fréquence de résonance

Cependant si nous étudions la variation en fréquence due au bruit via le terme f_0/Q (Figure III.19) ce sont toujours les micropoutres fines qui ont le rapport f_0/Q le plus élevé les rendant, de surcroît, les plus bruyantes.

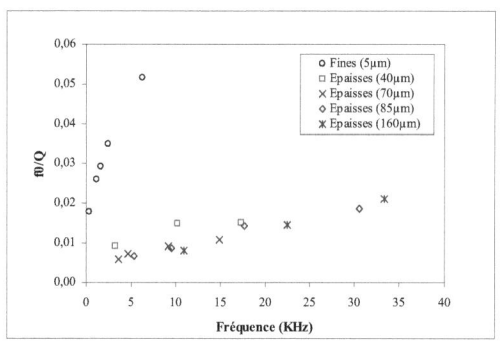

Figure III.19. f_0/Q en fonction de la fréquence de résonance

Nous comprenons ainsi qu'il est difficile de conclure et que l'optimisation du rapport signal sur bruit et donc de la limite de détection va consister à étudier le rapport Q/h_1. A épaisseur fixée, l'évolution du rapport Q/h_1 croît avec la fréquence de résonance : nous retrouvons ainsi le fait qu'à épaisseur fixée un fonctionnement à fréquence élevée est préférable.

Par contre, si nous souhaitons comparer des structures de plusieurs épaisseurs, ce n'est pas forcement la structure qui a la fréquence la plus élevée qui aura une limite de détection la meilleure. En effet, si l'on regarde la

CHAPITRE 3

figure III.20 des structures fines à 6 kHz semblent plus intéressantes que des structures épaisses (160 µm) résonant à 35 kHz.

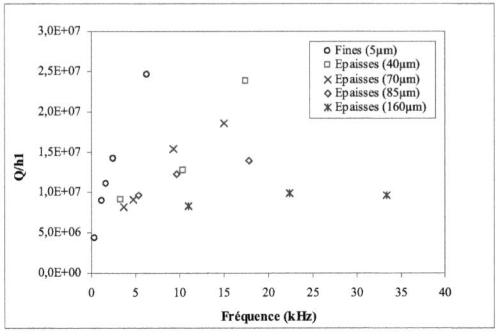

Figure III.20. Q/h_1 en fonction de la fréquence de résonance

VII. Conclusion

Ce chapitre se scinde en deux grandes parties : la première est consacrée à la réalisation technologique, la suivante est dédiée à la caractérisation des microstructures ainsi réalisées.

Le procédé technologique de réalisation des micropoutres ou microponts a mis en avant la maîtrise des procédés de fabrications dérivés de la microélectronique, et a également présenté la technologie SOI (Silicon On Insulator). Cette dernière, comparée aux techniques plus classiques utilisant le silicium, a garanti par le contrôle de l'épaisseur, la réalisation de microstructures fines d'épaisseurs exactes égales à 5µm. En complément de cette technologie, nous avons de la même façon utilisé des wafers de type silicium nous permettant de réaliser des microstructures plus épaisses (de quelques dizaines à quelques centaines de micromètres). Nous avons ensuite souligné le point fort de nos microcapteurs en introduisant l'intégration du système. Les deux modes d'actionnement « piézoélectriques et électromagnétiques » ainsi que la mesure du mouvement ont été décrits. Enfin, nous avons présenté le système de mesure de la fréquence de résonance mettant en œuvre un montage électronique de type oscillateur.

La caractérisation des structures comporte quatre parties : la présentation des mesures expérimentales, l'étude de la fréquence de résonance, du facteur de qualité ainsi que de la limite de détection du capteur à travers l'étude du rapport signal sur bruit. Les mesures expérimentales ont été effectuées à l'analyseur de réseau HP4194 A. La campagne de mesure menée avec un lot de poutres fines et épaisses de géométries différentes, a permis de tracer les diagrammes de Bode de chacune des structures. Les courbes obtenues donnent d'une part, l'allure générale des spectres de résonance et permettent, d'autre part, de déterminer, par la méthode de la bande passante à $-3dB$, le facteur de qualité expérimental Q_{exp}. Une comparaison entre les micropoutres épaisses et micropoutres fines souligne des différences, la plus notable reste celle liée à la valeur du coefficient de qualité : les poutres épaisses de fréquence de résonance plus élevées ont des facteurs de qualité souvent supérieurs aux micropoutres fines d'épaisseur 5µm.

CHAPITRE 3

Pour l'étude de la fréquence de résonance, les valeurs expérimentales relevées à partir des diagrammes de Bode ont été comparées aux valeurs théoriques obtenues à partir du modèle analytique. Le modèle analytique développé imposant de connaître avec précision l'épaisseur h_1 des micropoutres, l'étude comparative a d'abord été menée avec les structures fines de 5µm d'épaisseur (wafer SOI). La bonne corrélation entre la fréquence mesurée et celle calculée (écart relatif < 13%), nous permettent de valider le modèle.

La troisième partie a présenté le facteur de qualité. Comme pour la fréquence de résonance, les facteurs de qualité mesurés expérimentalement ont été comparés aux facteurs de qualité déterminés à partir du modèle de Sader. Basé sur des approximations, ce modèle donne une équation approchée du facteur de qualité et une expression de la fréquence de résonance modifiée par la présence du fluide environnant. La géométrie de nos microstructures ne nous permettant pas d'appliquer directement le modèle de Sader, le calcul du facteur de qualité a été effectué en adaptant le modèle aux micropoutres fabriquées. La comparaison des résultats avec le modèle de Sader a d'abord été réalisée avec les poutres fines, les poutres épaisses exigeant de calculer l'épaisseur h_1 de la poutre à partir des fréquences de résonance mesurées. Pour les poutres fines les résultats concluants (écart relatif < 15%) ont montré que le modèle de Sader pouvait être utilisé pour l'estimation du facteur de qualité. En revanche, pour les poutres épaisses le calcul de Sader n'est plus suffisant et il devient nécessaire de considérer d'autres pertes, essentiellement les pertes liées à l'encastrement ainsi que les pertes thermoélastiques.

D'un point de vue électronique un facteur de qualité élevé assure à la fois une stabilité importante du système oscillant ainsi qu'un faible apport d'énergie quant à l'entretien des oscillations. Dans notre cas le système de traitement de l'information est un oscillateur dont la fréquence d'oscillation est calée sur la fréquence de résonance de la micropoutre. Plus le facteur de qualité de la poutre sera élevé, plus le système sera à même de détecter des variations de fréquence (effet de masse dû aux espèces adsorbées par la couche sensible déposée à la surface de la structure) autour de la fréquence centrale de résonance. Au regard de ces différents aspects nous nous sommes particulièrement attachés, dans la dernière partie, à l'optimisation du facteur de qualité du système au travers de l'étude du rapport signal sur bruit et donc de la limite de détection. Cette étude

CHAPITRE 3

nous a, dans un premier temps, mené à estimer la variation en fréquence du signal puis la variation en fréquence du bruit puis nous a montré que l'optimisation du rapport signal sur bruit consistait en ce qui concerne la micropoutre à maximiser le rapport Q/h_1.

CHAPITRE 3

Références

[1] ELMI- Groupe ESIEE- Cité Descartes- BP 99 - 93162 Noisy Le Grand, France.

[2] E. Sader, Frequency response of cantilever beams immersed in viscous fluids with applications to the atomic force microscope, *Journal of Applied Physics, 84, pp. 64-76, (1998)*.

[3] S. Zurn, M. Hsieh, G. Smith, D. Markus, M. Zang, G. Hughes, Y. Nam, M. Arik, D. Polla, Fabrication and structural characterization of a resonant frequency PZT microcantilever, *Smart materials Structures, 10, pp. 252-263, (2001)*.

[4] K.Y. Yasumura, T.D. Stowe, E.M. Chow, T. Pfafman, T.W. Kenny, B.C. Stipe, D. Rugar, Quality factors in micron- and submicron-thick cantilevers, *Journal of microelectromechanical systems, 9, pp. 117-125, (2000)*.

[5] F.R. Blom, S. Bouwstra, M. Elwenspoek, J.H.J. Fluitman, Dependance of the quality factor of micromachined silicon beam resonators on pressure and geometry, *Journal of vacuum science and technology, B, 10, pp. 19-26, (1992)*.

[6] Z. Hao, A. Erbil, F. Ayazi, An analytical model for support loss in micromachined beam resonators with in-plane flexural vibrations, *Sensors and Actuators A, 109, pp. 156-164, (2003)*.

[7] J. Gaspar, V. Chu, J.P. Conde, Performance of Thin-Film Silicon MEMS Resonators in Vacuum, *Materials Research Society, 762, pp. A18.1.1-A18.1.5, (2003)*.

[8] D. Lange, C. Hagleitner, A. Hierlemann, O. Brand, H. Baltes, Complementary metal oxide semiconductor cantilever arrays on a single chip : mass-sensitive detection of volatile organic compounds, *Analytical Chemistry, 74, pp. 3084-3095, (2002)*.

CHAPITRE 4

La résolution analytique des équations générales de la mécanique développée dans le chapitre II nous a permis de modéliser la fréquence de résonance des microcapteurs à base de micropoutres et de définir par l'étude des sensibilités, des structures optimisées (taille forme et nature du matériau). Pour la partie caractérisation des micropoutres, présentée dans le chapitre III, les résultats expérimentaux ont validé le modèle analytique et nous conduisent, de surcroît, à tester les micropoutres sous environnement gazeux pour la détection de composés organiques volatils (COV) et plus particulièrement des vapeurs d'éthanol. La détection d'espèces chimiques gazeuses nécessite l'utilisation d'une couche sensible : de sa grande affinité vis à vis de l'espèce cible dépend la qualité du capteur en terme de sensibilité et de seuil de détection. Pour cette raison le choix de la couche sensible requiert une approche théorique préalable permettant d'évaluer l'affinité couche sensible / espèce gazeuse.

Dans ce chapitre, nous présenterons les matériaux polymères en tant que couche sensible ainsi que les interactions présentes entre le polymère et l'espèce gazeuse. Nous nous attacherons ensuite au choix et à la technique de dépôt de la couche sensible. Une fois déposée cette dernière sera caractérisée. Les premières mesures réalisées auront pour but de mettre en évidence l'effet de masse. Enfin, les essais sous gaz pour la détection de vapeurs d'éthanol, effectués à l'aide de la ligne à gaz du Laboratoire IXL, viendront confirmer le bon fonctionnement des capteurs chimiques ainsi réalisés. Les résultats obtenus seront ensuite comparés avec les modèles analytiques développés.

I. Couche sensible

Pour la détection de composés en milieu gazeux, une couche sensible est déposée à la surface des micropoutres. Les performances (sensibilité, sélectivité et réversibilité) de ces capteurs chimiques dépendent fortement des caractéristiques de la couche sensible. L'objectif étant d'obtenir des capteurs à grande sensibilité, le choix de la couche se fait parmi les matériaux offrant une grande affinité vis-à-vis de l'espèce à détecter. Cette affinité est directement liée aux interactions moléculaires entre la molécule à détecter et la couche sensible. Parmi les différentes interactions mises en jeu certaines peuvent être un facteur limitant pour l'utilisation du capteur en milieu gazeux. Les interactions non spécifiques (ou forces de Van der Waals) qui ne sont pas suffisamment sélectives pour le capteur et les interactions covalentes d'énergie trop élevée rendant le capteur irréversibles sont donc des interactions à éviter.

Il devient alors important de favoriser des interactions non covalentes ainsi que des interactions spécifiques de type liaison hydrogène reposant sur la capacité des molécules à accepter ou à donner des liaisons hydrogène. D'autre part, la sélectivité recherchée vis-à-vis d'interférents éventuels est directement liée aux propriétés de la couche sensible et peut généralement être améliorée par l'introduction de fonctions spécifiques privilégiant ainsi certains types d'interactions. Les couches sensibles utilisées pour la réalisation des capteurs chimiques à base de micropoutres sont presque exclusivement de type polymère. Cette nouvelle tendance est due à la grande variété de matériaux disponibles mais surtout à leurs nombreuses possibilités de fonctionnalisation permettant de les adapter à chaque application.

Dans cette première partie nous allons présenter quelques définitions et propriétés des polymères importantes pour la détection chimique. Le calcul du coefficient de partage, faisant appel au modèle de l'enthalpie libre de dissolution (ou LSER), nous permettra ensuite de caractériser les différentes interactions entre le polymère et l'espèce gazeuse pour enfin nous mener à optimiser les critères de choix de la couche sensible.

1. Technologie polymère

Un polymère est une molécule de masse moléculaire importante, dans laquelle un motif, appelé également monomère, est répété un grand nombre de fois (jusqu'à plusieurs milliers) : $-[motif]-_n$. Le motif répété n fois constitue la chaîne polymérique. Il existe trois familles de polymères classées suivant leurs propriétés physiques :

- *élasticité* (les élastomères) : polymère ou copolymère organique élastique dont il existe différentes familles selon, les propriétés mécaniques, thermiques ou diélectriques. Leur mise en œuvre se fait par autoclave, l'opération de vulcanisation créant l'élasticité, (ex : polyisopropène, polyuréthane),

- *thermoplasticité* (les thermoplastiques) : se dit des matières plastiques acquérant une certaine plasticité lorsqu'elles sont chauffées.

Les polymères thermoplastiques ont des structures linéaires qui sont composées de chaînes qui, avec l'élévation de température, peuvent glisser les unes par rapport aux autres, (ex : polyéthylène basse densité PEBD, polyéthylène haute densité PEHD),

- *thermodurcissable* : type de matières plastiques perdant irréversiblement leur plasticité lorsqu'elles sont chauffées. Le polymère obtenu est réticulé, dur, insoluble dans les solvants et ne peut être fondu, (ex : époxy, silicone, bakélite).

2. Propriétés mécaniques des polymères

Les propriétés mécaniques des polymères peuvent varier énormément. Certains sont des solides rigides, d'autres des solides hautement élastiques ou encore des liquides visqueux. Ces propriétés dépendent de la structure moléculaire du polymère et de la température.

A basse température, la plupart des polymères présentent un état vitreux : ils sont rigides. Lorsque la température augmente, ils passent par un état de transition : pour une zone de température spécifique du polymère, les chaînes macromoléculaires glissent les unes par rapport aux autres et le polymère se ramollit. Cette température est appelée température de transition vitreuse, notée Tg. A une température plus élevée, le polymère passe par un plateau caoutchoutique : son comportement est visco-élastique. À cet état, les forces de Van der Waals et la réticulation entre chaînes servent de force de rappel lorsque l'on déforme le matériau (élasticité). Enfin, lorsque l'on élève la température de polymères peu réticulés, on peut assister à une phase d'écoulement visqueux, correspondant au désenchevêtrement des chaînes. Ce dernier comportement est utilisé pour mettre en forme les matières plastiques. Certains polymères présentent également un point de fusion, supérieur à Tg.

Les polymères étant utilisés la plupart du temps à température ambiante, on dit qu'ils sont élastomères si leur température de transition vitreuse est inférieure à la température ambiante (comportement caoutchouteux); ils sont plastomères (comportement rigide) dans l'autre cas. La figure IV.1 montre comment cette température de transition vitreuse est déterminée : lorsqu'un polymère est chauffé, le point correspondant au changement de pente dû à l'accroissement de la capacité calorifique, est la température de transition vitreuse T_g.

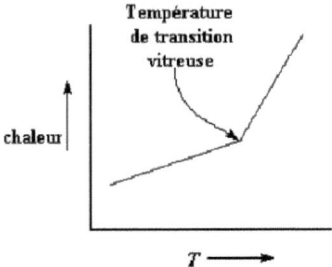

Figure IV.1. Détermination de la température de transition vitreuse dans le cas d'un polymère amorphe

3. Coefficient de partage : définition

Comme nous l'avons vu dans les chapitres précédents, le coefficient de partage est défini comme le rapport entre la concentration C à l'équilibre, de l'espèce dans le polymère sur la concentration C_g de l'espèce en phase vapeur tel que :

$$K = \frac{C}{C_g} \quad \text{(IV.1)}$$

Ce paramètre représente l'image de l'affinité du couple polymère/espèce gazeuse, nous permettant ainsi de sélectionner précautionneusement la couche sensible s'adaptant le mieux à l'espèce cible à détecter. Cependant, pour maîtriser totalement les interactions entre l'espèce et la couche, nous devons nous sensibiliser avec les propriétés de solubilité de la couche. La plus simple approche est d'examiner les groupes fonctionnels présents dans la couche en raisonnant sur leurs propriétés physico-chimiques (caractère acide, ou basique et polarisabilité). Cette approche est un bon point de départ mais elle n'est pas entièrement satisfaisante pour des structures avec de multiples groupes fonctionnels. Nous allons donc utiliser un modèle quantitatif capable d'évaluer individuellement et de façon systématique chaque type d'interactions.

CHAPITRE 4

4. Coefficient de partage : les différents termes (LSER)

Le modèle reposant en particulier sur une évaluation des enthalpies libres d'interaction permet de spécifier la nature et le degré des interactions soluté/phase stationnaire. La méthode développée par M.H. Abraham *et al*, de l'université Collège de Londres, donne une expression de l'enthalpie libre de dissolution de l'analyte (espèce gazeuse) dans la couche sensible (solvant ou phase stationnaire), sous la forme d'une combinaison linéaire de plusieurs termes représentant les différents types d'interactions susceptibles d'être présentes [1].

Cette énergie de solubilité est alors décrite par la relation désignée communément par le sigle LSER (pour Linear Solvation Energy Relationship) :

$$\text{Log} K = c + r R_2 + s \pi_2^* + a \Sigma\alpha_2^H + b \Sigma\beta_2^H + l \text{Log} L^{16} \qquad (IV.2)$$

Où :

Log est le logarithme népérien,

K est le coefficient de partage entre la phase stationnaire et la phase gazeuse.

Les paramètres, « $R_2, \pi_2^*, \Sigma\alpha_2^H, \Sigma\beta_2^H, \text{Log} L^{16}$ » caractérisent l'analyte (espèce gazeuse). Les propriétés physico-chimiques du solvant (couche sensible), passent alors par l'évaluation des cinq autres paramètres c, r, s, a, b et l [2].

Tous ces paramètres définissent précisément les différentes propriétés physico-chimiques communes à l'analyte (espèce gazeuse) et au solvant (couche sensible). Nous allons expliciter chacun d'eux en commençant par donner quelques définitions.

Acidité - Basicité

L'acidité est l'aptitude d'une espèce à donner des liaisons hydrogène, au contraire la basicité est la capacité à accepter des liaisons hydrogène. D'après l'équation 5 les termes « α_2^H, β_2^H » représentent respectivement la capacité de l'espèce à jouer le rôle de donneur ou accepteur de liaison hydrogène [3]. De même, « a, b » sont associés à l'acidité et à la basicité pour la couche sensible.

CHAPITRE 4

Interactions dispersives

Dans toute molécule quelle soit apolaire ou symétrique, il apparaît des moments dipolaires instantanés qui interagiront avec d'autres dipôles crées de la même façon. Ce type d'interaction résiduelle est appelée non spécifique. Pour la couche sensible, le terme « l » s'apparente à « L^{16} », pour l'espèce gazeuse, et représente une combinaison des énergies d'interactions de type dispersif et des effets de cavités. Plus précisément, L^{16} est le coefficient d'Ostwald, défini comme le coefficient de partition entre la phase vapeur et l'hexadécane [3]. Ce dernier est considéré comme un solvant apolaire dans lequel n'apparaissent que des forces dispersives dites de London (interactions dipôle instantanée/dipôle induit).

Polarisabilité

La polarisabilité représente la facilité avec laquelle le nuage électronique peut être déplacé sous l'effet d'un champ électrique ou d'une autre molécule. En général, la polarisabilité des atomes faiblement chargés et ayant un grand nombre d'électrons est élevée. Au niveau moléculaire la polarisabilité varie par rapport à l'orientation du champ électrique vis à vis de l'axe moléculaire.

Les termes représentatifs de la polarisabilité sont r et R_2 où « R_2 » décrit les interactions qui peuvent intervenir pour des espèces présentant des électrons fortement polarisables de type n ou π par rapport à un alcane de même volume [3]. Le paramètre « r » exprime la capacité de la couche sensible à interagir avec les électrons n et ceux de l'analyte. D'une manière générale, la valeur de r est positive mais toutefois la présence de fluor dans la phase liquide peut mener à une valeur négative [3].

Dipolarité

La polarité d'une molécule provient de la distribution non homogène de son nuage électronique : la densité électronique n'est pas uniforme, les électrons s'accumulent autour de certains atomes qui les attirent et augmentent leurs charges négatives, alors que d'autres atomes les repoussent et prennent une charge positive. Pour l'espèce gazeuse « π_2^* » est relatif à la dipolarité et représente la capacité de l'espèce à interagir avec son environnement par des interactions de type dipôle/dipôle ou dipôle induit/dipôle induit (ces deux contributions ne peuvent pas être évaluées séparément), [3]. Pour le solvant (ou couche sensible), c'est le terme "s" qui évalue la dipolarité.

5. Coefficient de partage : choix de la couche sensible

Le tableau IV.1 ci-dessous rappelle les paramètres relatifs aux caractéristiques physico-chimique du couple analyte/solvant ou encore espèce gazeuse/polymère.

Analyte (espèce gazeuse)		Solvant (polymère)
α_2^H	Acidité	a
β_2^H	Basicité	b
L^{16}	Interactions dispersives	l
R_2	Polarisabilité	r
π_2^*	Polarité	s

Tableau IV.1. Récapitulatif des propriétés physico-chimiques de l'espèce gazeuse et de la couche sensible

La sélectivité de la couche sera optimisée s'il n'y a qu'un seul type d'interaction de solubilité, mais ceci est difficile en pratique car tous les matériaux organiques subissent de nombreuses interactions. Ainsi, le choix de la couche se fait en sélectionnant un seul caractère minimisant les autres [2].

Plusieurs combinaisons sont possibles et il faut privilégier soit :

- *le caractère basique* : dans ce cas, la sélectivité sera la meilleure lorsque nous associons un maximum d'acidité (b) avec un minimum de basicité (a) ou un minimum de dipolarité (s). Ces caractéristiques sont modélisées par les rapports b/a et b/s.

- *le caractère acide* : la combinaison est un maximum de basicité avec un minimum de dipolarité soit le rapport a/s. Par exemple, une grande basicité avec une faible dipolarité est obtenue pour des amines. En effet, l'atome d'azote très électronégatif attire les atomes électropositifs comme l'hydrogène.

- *le caractère dipolaire* : cela nécessite la combinaison du caractère dipolaire (s) en minimisant la basicité (a) ce qui revient à étudier le rapport s/a.

- *la polarisabilité* : les meilleurs polymères susceptibles de répondre à ce critère peuvent être déterminés en additionnant les paramètres a, b et s.

- *les interactions dispersives* : ce dernier cas nécessite un maximum de dispersion avec un minimum de dipolarité, acidité et basicité, soit $1/(a+b+c)$.

II. Polymères utilisés pour la détection de COV

Actuellement, une forte demande se fait ressentir pour réaliser des capteurs sensibles aux composés organiques volatils (COV) dans des gammes de concentrations de l'ordre du ppm, car ces composés sont d'une part inflammables (diméthylether), cancérigènes (benzène) et d'autre part destructeurs de la couche d'ozone (composés halogénés). La grande famille des COV inclus les liquides organiques dont la température d'ébullition est inférieure à 250°C (méthane exclu), les composés aromatiques, les alcools mais également les composés halogénés, tous fortement consommés en milieu industriel. Cette deuxième partie introduira le choix des polymères pour la détection des COV, puis explicitera les caractéristiques physico-chimiques des polymères retenus. Enfin, la technique de dépôt de ces polymères sera mis en avant au travers de la réalisation du banc de dépôt conçu à cet effet.

1. Choix des polymères

Pour avoir montré une grande stabilité dans le temps, une facilité de les déposer utilisant la technique de pulvérisation mais essentiellement une réversibilité totale des phénomènes d'adsorption et désorption, les matériaux polymères en tant que couche sensible sont le plus couramment utilisés pour la détection de COV.

Le choix des polymères que nous avons utilisé a été finement guidé pour leur grande affinité vis à vis de l'espèce gazeuse à détecter mais ils ont également été choisis pour leur faible température de transition vitreuse T_g. En

CHAPITRE 4

effet, afin d'assurer une bonne diffusion des COV dans le polymère il convient de choisir un polymère ayant une température de transition vitreuse T_g basse. Ainsi, à température ambiante, condition d'utilisation du capteur, le polymère mou est donc beaucoup plus perméable aux espèces gazeuses à détecter.

Les deux polymères retenus sont le polydiméthylsiloxane (PDMS) et le polyétheruréthane (PEUT). Ces deux polymères choisis pour détecter des COV montrent par leurs propriétés physico-chimiques des différences en termes de sélectivité vis à vis des différents COV. Les diagrammes en étoile de la figure IV.2 donnent le coefficient de partage pour différents composés organiques mesurés avec des QMB (microbalance en quartz) à 25°C [4]. Le PDMS sera préférentiellement utilisé en tant que couche sensible pour détecter des composés *apolaires* de la famille des alcanes, précisément du n-octane et toluène (Figure IV.2a) alors que le PEUT sera davantage sélectif aux composés *polaires* de la famille des alcools (1-butanol, éthanol), (Figure IV.2b).

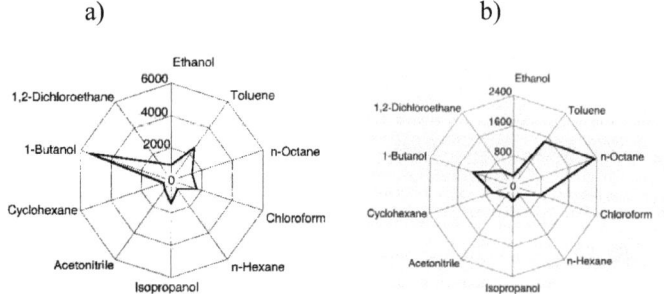

Figure IV.2. Coefficient de partage pour différents composés organiques, (a) : PEUT, (b) : PDMS [4]

Le polydiméthylsiloxane : PDMS

Le polydiméthylsiloxane fait parti de la grande famille des « siloxanes » dont la structure générale est représentée à la figure IV.3.

CHAPITRE 4

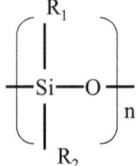

Figure IV.3. Formule générale des polysiloxanes

Où R_1 et R_2 peuvent représenter une grande variété de groupements organiques.

La longueur de liaison Si-O plus importante que pour la liaison C-C (1.64Å contre 1.53Å), le caractère bivalent de l'atome d'oxygène ne pouvant donc pas être substitué et l'angle Si-O-Si bien plus ouvert que celui d'un carbone tétraédrique (143° contre 109.5°) confèrent au squelette des polysiloxanes une grande flexibilité et par conséquent une température de transition vitreuse très basse. Le polysiloxane le plus couramment utilisé et rencontré dans la littérature est le polydiméthylsiloxane (PDMS) où les deux groupements de substitution sont des groupements *méthyl* tel que $R_1 = R_2 = CH_3$. Ces deux groupements non spécifiques le contraignent à interagir uniquement avec des composés apolaires, typiquement des composés organiques volatils comme les alcanes (n-octane).

Le polydiméthylsiloxane, 200^R fluid (Aldrich) utilisé est un bi-composant "base+agent" incolore de viscosité égale à 60.000 cSt, de gravité spécifique (ou densité) égale à 0.980 et de température de transition vitreuse $T_g = -123°C$. Ce dernier est ensuite dilué dans un solvant approprié comme le THF (tétrahydrofurane) ou le toluène pour obtenir une solution liquide moins visqueuse.

1.1. Le polyétheruréthane : PEUT

Le polyétheruréthane, élastomère à température ambiante est une résine polyuréthane [5]. Sa formule chimique donnée à la figure IV.4 montre différents groupements reliés entre eux par le même groupement d'atomes OC-NH.

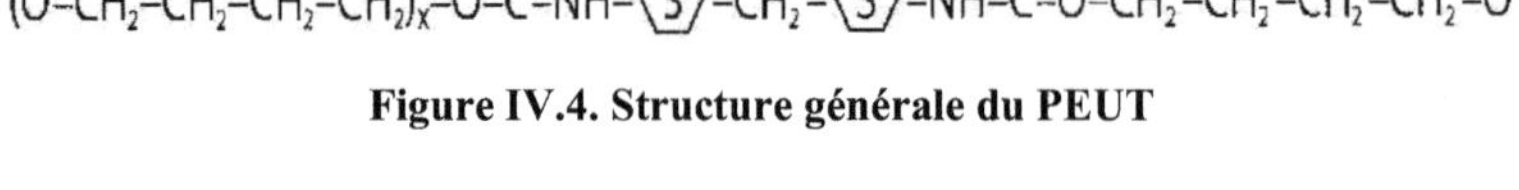

$$(O-CH_2-CH_2-CH_2-CH_2)_x-O-\overset{O}{\underset{\|}{C}}-NH-\langle S \rangle-CH_2-\langle S \rangle-NH-\overset{O}{\underset{\|}{C}}-O-CH_2-CH_2-CH_2-CH_2-O$$

Figure IV.4. Structure générale du PEUT

CHAPITRE 4

Ce polymère à caractère légèrement polaire mais facilement polarisable présente de grandes affinités vis à vis de composés aromatiques comme le toluène par la présence dans sa formule de cycles aromatiques. En revanche, la liaison des groupements d'atomes OC-NH favorise les interactions avec des composés polaires tels que les alcools. Le PEUT (SG-80A, Thermedics) se présente sous la forme de petits granulés solides et translucides et très hygroscopiques avec une température de transition vitreuse $T_g = -30°C$ supérieure à celle du PDMS mais restant encore relativement basse. Par contre plus élevée que pour le PDMS, sa densité s'élève à 1.04 (ou 1040 kg.m^{-3}). La nature hydrophile du PEUT nécessite une préparation spécifique qui va se dérouler en deux étapes distinctes :

Déshydratation

Avant chaque utilisation le PEUT doit subir une étape de déshydratation. Cette opération consiste à laisser pendant 12 heures à l'étuve en présence de gel de silice les petits granulés à une température de 60°C. Mais pour éviter de répéter cette opération pour chaque utilisation et dans un souci d'efficacité les granulés déshydratés seront conservés à l'abri de l'humidité dans un dessiccateur (ou piégeur d'humidité).

Dissolution et dilution

Après être déshydratée, cette résine est dissoute en masse dans une proportion de 5% dans une solution contenant un mélange de solvants composé de dichlorométhane et 2-butanone "MEK" (50:50). Le fait de mélanger deux solvants accélère l'évaporation et améliore la qualité du dépôt. Après dissolution, la solution obtenue est diluée à 10% avec uniquement du MEK, ce solvant ayant pour but de diluer la solution.les premières manipulations réalisées avec du PDMS n'ont pas été très concluantes : ce dernier n'adhérant pas suffisamment sur le silicium glissait le long de la poutre au fur et à mesure que celle-ci oscillait. Les premières couches obtenues après dépôt se sont présentées sous forme d'agglomérats difficilement mesurables. Pour la suite, nous n'avons donc pas persévéré dans cette voie et d'autant plus que la ligne à gaz disponible au laboratoire ne fonctionne jusqu'à présent qu'avec de la vapeur d'eau ou d'alcool. Le polyétheruréthane (PEUT) est le polymère que nous utiliserons en tant que couche sensible pour les manipulations de dépôt et les détections en environnement gazeux. Cependant, le PDMS reste un très bon candidat pour la détection du n-octane, et pour palier au problème d'interface polymère mou/ solide, plusieurs solutions sont envisageables : il serait efficace de diminuer la tension de surface du polymère pour mieux mouiller le silicium ou bien diminuer la viscosité de la solution en ajoutant par exemple un plastifiant.

Enfin, une étape de traitement de surface, préalable au dépôt, et capable de former une fine couche d'adhérence entre le silicium et le polymère, serait judicieuse. Si par exemple la couche sensible a un caractère acide un renforcement du caractère basique de la surface du silicium permettrait la création de liaisons hydrogène avec le polymère et favoriserait donc l'adhérence et la mouillabilité.

2. Techniques de dépôt

Il existe deux méthodes pour déposer le polymère :

- le procédé par pulvérisation " *spray coating* " consistant à pulvériser des mélanges liquides de polymère dans un solvant.

- le procédé par centrifugation " *spin coating* " dont le principe est de déposer au centre du substrat plan, fixé sur un dispositif tournant à grande vitesse, des gouttes d'une solution liquide qui sous l'effet d'une force centrifuge s'étalent sur le substrat.

Le procédé de dépôt par spin coating pas très bien adapté à la fragilité de nos structures n'a pas été utilisé. Ce procédé aurait pu néanmoins être inséré aux étapes technologiques de fabrication mais le fait de déposer la couche sensible pendant le procédé de fabrication nous aurait limités à tester une seule couche et de surcroît aurait rendu la structure non réutilisable. En revanche la méthode dite de pulvérisation par spray coating offre non seulement la possibilité de réutiliser le capteur : le polymère une fois déposé peut-être retiré par dissolution avec le solvant dans lequel il est soluble mais autorise également des dépôts successifs afin d'épaissir la couche si nécessaire. Enfin grâce à des masques adaptés, il devient possible de vaporiser une seule micropoutre par puce.

Cette technique de dépôt (Figure IV.5) consiste à projeter sur la surface sensible de la micropoutre le polymère en solution grâce à une valve de pulvérisation.

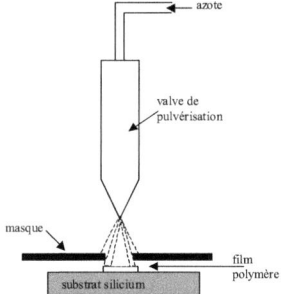

Figure IV.5. Technique de dépôt par spray coating

3. Le banc de dépôt

La principale difficulté de cette étape de dépôt de couches sensibles réside dans l'obtention de couches reproductibles. Pour maîtriser ce paramètre il convient de fixer l'ensemble des paramètres agissants :

- distance de travail entre la valve et le support
- alignement de tout le système
- débit et pression du jet de pulvérisation
- temps de dépôt.

Pour fixer l'ensemble de ces paramètres nous avons conçu une platine permettant de fixer la valve de pulvérisation, les manomètres servant à régler les différentes pressions, et les tables micrométriques en xy assurant un alignement parfait du système. Enfin de façon à pouvoir maîtriser le temps de dépôt, l'ouverture de la valve de pulvérisation est commandé par un contrôleur spécifique à la valve. Le banc de dépôt est constitué de huit éléments principaux : une valve de pulvérisation (série 780S), un contrôleur 7040, deux manomètres, deux tables micrométriques en xy et enfin un réservoir pressurisé. Tous les éléments sont rappelés sur la photo de la figure IV.6 représentant une vue complète du banc de dépôt.

CHAPITRE 4

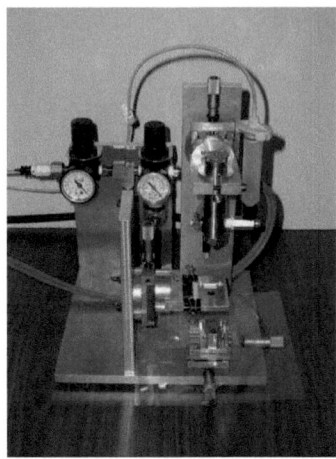

Figure IV.6. Banc dépôt de couches sensibles

Ce banc de dépôt est installé en salle blanche pour minimiser les sources de polluants extérieurs maintenant un environnement propre, mais également régulé en température. De plus, à l'intérieur même de cet environnement de classe 10000, le banc est disposé sous une hotte aspirante afin d'extraire toutes les vapeurs de solvants très volatils. Pour obtenir un dépôt reproductible au niveau de l'épaisseur et contrôler l'état de surface de la couche déposée, le système doit être étalonné en fixant les paramètres : pression de pulvérisation, débit, hauteur et alignement de la valve.

La pression de pulvérisation est fonction de la viscosité du fluide : notre polymère suffisamment dilué et donc peu visqueux ne nécessite pas une forte pression. Pour tous nos dépôts cette pression a été fixée à 0.1 bar. La pression de vaporisation commandée par le contrôleur est elle ajustée à 1.4 bars pour garantir un dépôt rugueux mais uniforme : en abaissant la pression la couche déposée apparaît beaucoup plus disparate. Avant la mise en fonctionnement de l'appareil, un pré étalonnage du débit doit être effectué en réglant la course du pointeau. Ce débit pourra ensuite être modifié selon la nature du dépôt. Enfin, la surface pulvérisée dépend de la distance entre la valve et la surface de travail réglée pour nos applications à 4cm. Enfin, pour assurer un bon alignement du système et centrer la surface à vaporiser par rapport au jet de pulvérisation, la position du capteur est ajusté grâce aux tables micrométriques.

III. Caractérisation de la couche sensible

Le point faible de la technique de pulvérisation réside dans la précision à estimer l'épaisseur de polymère déposée. La nature poreuse et irrégulière du dépôt rend la mesure de l'épaisseur de la couche, de l'ordre de grandeur des appareils de mesure, difficile. Nous avons dans un premier temps eu recours au microscope électronique à balayage (MEB) pour visualiser l'état de surface de la couche déposée et estimer son épaisseur. Nous heurtant au seuil de résolution de l'appareil, nous avons utilisé le profilomètre optique (UBM), puis dans un souci de corréler les résultats expérimentaux à la théorie, nous avons calculé l'épaisseur grâce au modèle analytique de la fréquence de résonance. Les trois points que nous venons d'énumérer vont être exploités dans cette troisième partie.

1. Etat de surface

Nous avons déposé sur plusieurs échantillons de silicium différentes épaisseurs de polymère. Ces échantillons ont ensuite été observés au microscope électronique à balayage (MEB) nécessitant préalablement, à cause de la nature transparente du polymère, un flash d'or à leur surface. Les images obtenues au MEB (Figure IV.7) montrent un état de surface plutôt rugueux et irrégulier. Les épaisseurs estimées après la mesure, pour un temps de dépôt de 20s, sont comprises entre 2 et 3µm mais donnent juste un ordre de grandeur. Une mesure plus précise de l'épaisseur du polymère devra s'effectuer avec un appareil de mesure plus adapté.

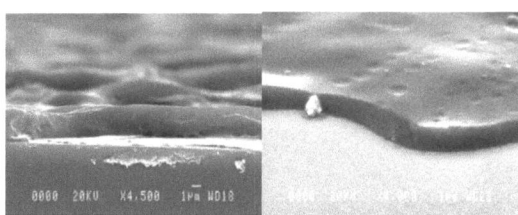

Figure IV.7. Images prises au MEB d'un échantillon de silicium recouvert de PEUT

2. Mesure de l'épaisseur au profilomètre optique

Limités par le seuil de résolution du MEB, nous avons renouvelé l'opération sur des échantillons de silicium dont l'épaisseur de polymère déposé est dans ce cas mesurée au profilomètre optique.

L'appareil requis pour ces mesures est un modèle Microfocus UBM permettant l'acquisition des mesures de profil d'un échantillon ou des mesures de réflexion optique. Le principe de la mesure est celui d'un capteur optique dont le schéma de principe est donné à la figure IV.8 : un faisceau laser infrarouge émis par une diode (1) est focalisé en un point par une lentille collimatrice (2) et un objectif (3). Une faible lumière réfléchie (5% minimum) par la surface à étudier (4) est dirigée par un séparateur de faisceau au travers d'un prisme (5) pour former deux spots analysés par deux photodiodes (6). L'échantillon est posé sur une table de déplacement xy sur coussin d'air, l'ensemble capteur + table de déplacement ainsi que toute la chaîne de mesure est géré par ordinateur à l'aide d'un logiciel facilitant l'exploitation et le traitement des données.

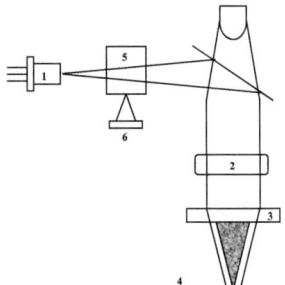

Figure IV.8. Schéma de principe du profilomètre optique

Cependant, le principal inconvénient de ce type de capteur à diode laser est qu'il ne permet pas de mesurer des matériaux transparents. Le PEUT étant transparent, le spot laser focalise à l'interface polymère/silicium et non à l'interface air/polymère. Afin de palier ce problème, nous avons métallisé la surface des échantillons par un flash d'or de quelques nm. L'UBM est capable de réaliser deux types de mesures de profil : en surface (2D) ou en volume (3D). Les profils en surface donnent une évolution des épaisseurs sur une ligne alors que les profils en volume tracent la cartographie de l'échantillon.

CHAPITRE 4

La figure IV.9 représente la cartographie que nous avons obtenu pour un échantillon correspondant à un dépôt de PEUT pendant 10 secondes, l'épaisseur moyenne mesurée est de 1,15µm. Notons que l'apparence très irrégulière de la surface est accentuée par la différence d'échelle (facteur 1000) entre les axes (xy) et l'axe (z).

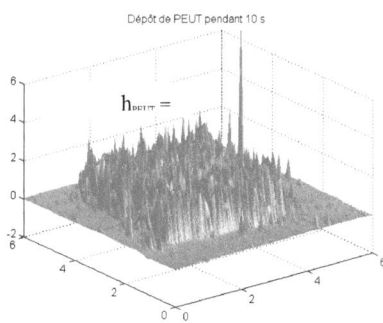

Figure IV.9. Profil en 3D d'un échantillon : dépôt de PEUT pendant 10s

D'autres échantillons ont ensuite été mesurés en volume pour plusieurs temps de dépôt, les résultats sont répertoriés dans le tableau IV.2. Ces mesures relevées au profilomètre vont être comparées à celles déterminées par le modèle analytique de la fréquence de résonance.

Temps de dépôt (en s)	0	5	10	20	30
Epaisseur mesurée (en µm)	0	0.53	1.15	2.90	4.12

Tableau IV.2. Epaisseurs mesurées à l'UBM pour plusieurs temps de dépôt.

3. Calcul de l'épaisseur

Comme il a été écrit dans le chapitre III, rappelons que la fréquence de résonance d'une microstructure réduite à sa forme la plus simple peut s'exprimer de la façon suivante :

$$f_0 = \frac{1}{2\pi}\sqrt{\frac{k}{m_{eff}}} \qquad (IV.3)$$

Avec :

k la constante de raideur de la poutre,

m_{eff} la masse effective de la poutre telle que : $m_{eff} = C \times m$

Où C est une constante dépendant de la géométrie de la poutre (n, s, ξ_1).

Pour une micropoutre composée de deux matériaux (la couche du dessus recouvrant totalement la poutre), les expressions de la masse effective et de la constante de raideur (dont les calculs sont détaillés en annexe 3) se mettent sous la forme :

$$m_{eff} = \frac{3n^4 s \xi_1}{12(n-1+s)(n^3 s+1-s)} \left(1 + \frac{\hat{E}_2}{\hat{E}_1} \frac{h_2^3}{h_1^3} + \frac{3\hat{E}_2 h_2 (1+h_2/h_1)^2}{\hat{E}_1 h_1 \left(1+(\hat{E}_2 h_2)/(\hat{E}_1 h_1)\right)} \right) m \quad (IV.4)$$

Et :

$$k = \frac{3n^3 s}{(n^3 s+1-s)L^3} \hat{E}_1 \left(\frac{b h_1^3}{12} + \frac{\hat{E}_2}{\hat{E}_1} \frac{b h_2^3}{12} + \frac{b h_1 h_2 \hat{E}_2 (h_1+h_2)^2}{4(\hat{E}_1 h_1 + \hat{E}_2 h_2)} \right) \quad (IV.5)$$

Avec :

L la longueur de la poutre, b la largeur de la poutre, ξ_1 une fonction en n et s,

I_{eq} le moment d'aire quadratique équivalent, h_1 et h_2 les épaisseurs respectives de la poutre et de la couche sensible

$\hat{E}_1$ et $\hat{E}_2$ les modules d'Young effectifs de la poutre et de la couche sensible.

Au cours du dépôt du polymère la variation de fréquence peut être due à une variation de la constante de raideur k et une variation de la masse m :

$$\frac{\Delta f}{f_0} = \frac{1}{2} \frac{\Delta k}{k} - \frac{1}{2} \frac{\Delta m_{eff}}{m_{eff}} = \frac{1}{2} \frac{\Delta k}{k} - \frac{1}{2} \frac{\Delta m}{m} \quad (IV.6)$$

Pour estimer l'influence de la variation de la raideur et de la masse nous avons tracé dans le cas d'une micropoutre recouverte avec du PEUT, les variations relatives de la constante de raideur $(k-k_0)/k_0$ et de la masse $(m-m_0)/m_0$ en fonction du rapport des épaisseurs h_1/h_2 (épaisseur du silicium sur épaisseur du PEUT), (Figure IV.10).

Les fonctions associées sont respectivement :

$$100\frac{(k-k_0)}{k_0} = \frac{\hat{E}_2}{\hat{E}_1}\frac{h_2^3}{h_1^3} + \frac{\hat{E}_2}{\hat{E}_1}\frac{h_2}{h_1}\frac{(1+h_2/h_1)^2}{(1+\frac{\hat{E}_2 h_2}{\hat{E}_1 h_1})} \quad (IV.7)$$

$$100\frac{(m_{eff}-m_{eff0})}{m_{eff0}} = 100\frac{\rho_2 h_2}{\rho_1 h_1} \quad (IV.8)$$

Pour le silicium : $E_1 = 150\,GPa$, $\upsilon_1 = 0.273$, $\rho_1 = 2330\,kg.m^{-3}$, pour le PEUT : $E_2 = 6.89\,MPa$, $\upsilon_2 = 0.2$, $\rho_2 = 1040\,kg.m^{-3}$.

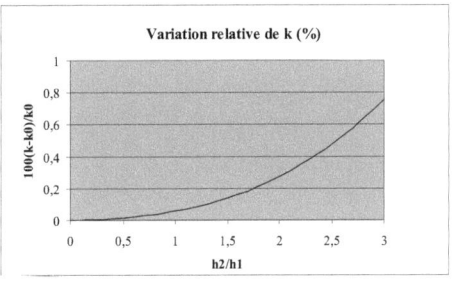

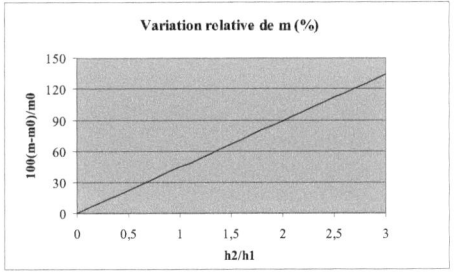

Figure. IV.10. Variation relative de la masse m et de la constante de raideur k en fonction de h_2/h_1

La figure IV.11 représentant le rapport entre la variation relative de masse et la variation relative de la constante de raideur, en fonction de h_2/h_1 montre que l'influence de la variation de rigidité Δk peut être négligée devant l'influence de la variation de masse Δm.

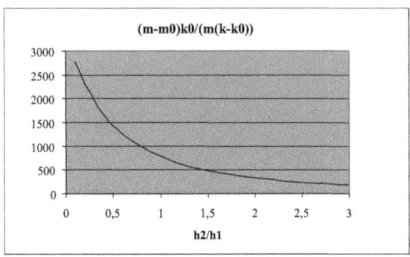

Figure IV.11. Rapport des variations relatives en fonction de h_2/h_1

Fort de ces résultats, nous pouvons considérer qu'au cours d'un dépôt la variation relative de fréquence est indépendante des propriétés mécaniques du polymère (module d'Young effectif $\hat{E}_2$) et peut donc s'écrire :

$$\frac{\Delta f}{f_0} = -\frac{1}{2}\frac{\Delta m}{m} \tag{IV.9}$$

Lors des dépôts du polymère à la surface de la micropoutre, cette dernière est insérée dans la boucle de rétroaction d'un amplificateur constituant l'oscillateur, (dont le principe de fonctionnement a été décrit dans le chapitre III). Réalisant ainsi un système bouclé la fréquence de résonance peut être déterminée pour chaque temps de dépôt. A partir de ces mesures et venant de démontrer que $\Delta k / k \ll \Delta m / m$ nous en déduisons l'épaisseur h_2 de polymère déposée. Analytiquement l'expression de la fréquence de résonance f après dépôt s'écrit donc :

$$f = f_0 \frac{1}{\sqrt{1+\frac{\rho_2 h_2}{\rho_1 h_1}}} \tag{IV.10}$$

Avec :

$$f_0 = \frac{1}{2\pi}\frac{h_1}{L^2}\sqrt{\frac{\hat{E}_1}{\rho_1 \xi_1}} \tag{IV.11}$$

Où f_0 est la fréquence propre de résonance sans couche sensible.

L'expression de l'épaisseur du polymère, extraite de l'équation IV.13, en fonction de la fréquence de résonance avec (f) et sans souche sensible (f_0) est :

$$h_2 = \frac{\rho_1 h_1}{\rho_2}\left(\frac{f_0^2}{f^2}-1\right) \tag{IV.12}$$

CHAPITRE 4

4. Corrélation entre les calculs et la mesure

Ainsi, nous avons calculé l'épaisseur pour plusieurs temps de dépôts et comparés les résultats à ceux obtenus à l'UBM. Pour chaque point, nous avons calculé l'écart relatif entre la mesure et le calcul, (Tableau IV.3).

Temps de dépôt (s)	5	10	20	30
Epaisseur calculée (µm)	0.65	1.38	2.70	4.20
Epaisseur mesurée (µm)	0.53	1.15	2.90	4.12
Ecart relatif	-18%	-16 %	7%	- 2%

Tableau IV.3. Ecart relatif entre la mesure et le calcul

L'épaisseur de PEUT mesurée au profilomètre optique et celle calculée par le modèle analytique sont représentées à la figure IV.12 en fonction du temps de dépôt.

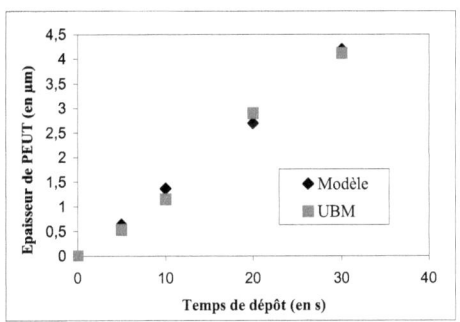

Figure IV.12. Epaisseur de PEUT calculée (modèle) et mesurée (UBM) en fonction du temps de dépôt

Les résultats du tableau IV.3 (écart relatif maximum égal à 18%) et de la figure IV.12 confirment la corrélation entre les mesures expérimentales et les calculs théoriques.

En conclusion, nous pouvons d'une part valider le fait que lors des dépôts de polymère seule la variation de masse intervient dans la variation de la fréquence de résonance. De ce fait, nous pouvons estimer simplement après chaque dépôt l'épaisseur de polymère déposé par le calcul de la variation de la fréquence de résonance.

IV. Influence de la couche sensible

Nous allons étudier dans ce paragraphe l'influence de la couche sensible en mettant en avant dans un premier temps l'effet de masse provoqué par le dépôt du polymère à la surface des microstructures. Les résultats obtenus nous mèneront ensuite à la détermination de la sensibilité à l'effet de masse S_m^f. Enfin, connaissant le coefficient de partage du couple polymère/espèce gazeuse mis en jeu, le calcul de la sensibilité à la concentration de gaz S_{Cg}^f nous permettra de comparer l'ensemble des micropoutres utilisées pour les mesures.

1. Effet de masse

Les premières mesures réalisées ont consisté à suivre l'évolution de la variation en fréquence de résonance d'un lot de quatre microstructures de géométries différentes (IC5, IC8, IB5, IB6) insérées dans l'oscillateur, en fonction de l'épaisseur de polymère déposée. Au total dix dépôts consécutifs d'une seconde ont été réalisés, chacun intercalés d'un temps de stabilisation (quelques secondes) correspondant à l'évaporation du solvant. La figure IV.13 représente la courbe obtenue pour deux de ces structures : IB5 et IC5.

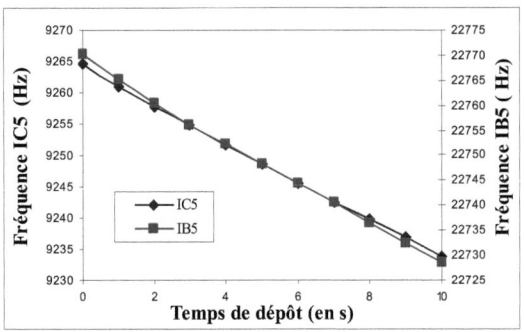

Figure IV.13. Fréquence de résonance en fonction du temps de dépôt pour les micropoutres IB5 et IC5

A partir de la figure IV.13, nous pouvons noter que le dépôt de PEUT a une influence directe sur la fréquence de résonance : en effet, une masse additionnelle à la surface de la microstructure tend à faire décroître la fréquence de résonance : ces premiers résultats confirment non seulement le principe de

CHAPITRE 4

base de notre capteur mais permettent également d'introduire la sensibilité due à l'effet de masse des micropoutres S_m^f.

2. Sensibilité à l'effet de masse

A partir de l'équation IV.12 permettant de calculer via l'expression de la fréquence de résonance l'épaisseur h_2 de polymère déposée, la courbe de l'épaisseur de PEUT calculée a été tracée en fonction du temps de dépôt (Figure IV.14).

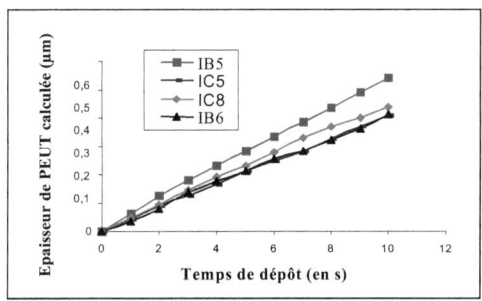

Figure IV.14. Epaisseur de PEUT calculée en fonction du temps de dépôt

Les résultats expérimentaux obtenus et représentés à la figure IV.14 permettent d'étalonner le banc de dépôt : l'épaisseur de PEUT déposée augmente linéairement avec le temps de dépôt et de façon reproductible (épaisseur obtenue sensiblement égale pour les différents dépôts fait sur les quatre structures). Dans un deuxième temps, à partir du décalage en fréquence relevé lors des dépôts et de l'estimation de la masse déposée nous en déduisons la sensibilité due à l'effet de masse $S_m^f = \Delta f / \Delta m$.

Microstructures	Fréquence de résonance (en Hz)	Sensibilité à la masse S_m^f (Hz/ng)
IC5	9270.3	0.025
IC8	3700.5	0.003
IB6	10287.9	0.008
IB5	22770.1	0.06

Tableau IV.4. Sensibilité à l'effet de masse

CHAPITRE 4

3. Comparaison des structures : calcul de la sensibilité à la concentration de gaz

Connaissant approximativement le coefficient de partage K relatif au couple PEUT / éthanol, K=1000, (Figure IV.2), [4] et la sensibilité à l'effet de masse mesurée précédemment (Tableau IV.4) la sensibilité à la concentration de gaz est estimée de la façon suivante :

$$S_{Cg}^f = \frac{\Delta f}{\Delta C_g} = Kh_2 \Sigma \left(\frac{\Delta f}{\Delta m}\right) = Kh_2 \Sigma S_m^f \qquad (IV.13)$$

La sensibilité à la concentration de gaz alors déduite est représentée pour le lot des quatre micropoutres en fonction de l'épaisseur de PEUT (Figure IV.15)

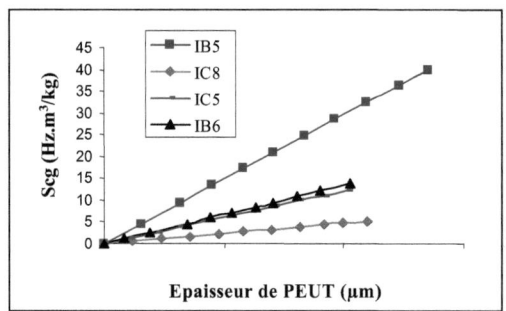

Figure IV.15. Sensibilité à la concentration de gaz en fonction de l'épaisseur de PEUT

Comme il a été développé au chapitre II, rappelons que la sensibilité à la concentration de gaz S_{Cg}^f s'écrit sous la forme :

$$S_{Cg}^f = Kh_2 f_0 S = \frac{Kh_2 f_0}{2(\rho_1 h_1 + \rho_2 h_2)} \qquad (IV.14)$$

Les résultats expérimentaux (Figure IV.15) ainsi que ceux dérivant du modèle théorique développé au chapitre II (équation IV.14) montrent que la sensibilité à la concentration de gaz S_{Cg}^f est proportionnelle à la fois à l'épaisseur de polymère déposé h_2 et à la fréquence de résonance propre de la structure f_0.

CHAPITRE 4

V. Application à la détection de vapeurs d'éthanol

Pour démontrer les potentialités des microcapteurs chimiques vibrants appliqués à la détection d'espèces chimique en milieu gazeux, nous avons choisi de montrer leur faisabilité à travers la détection de vapeurs d'alcool et plus particulièrement d'éthanol. Après avoir présenté la ligne à gaz du Laboratoire IXL, les premières mesures réalisées avec deux types de capteurs (IIC5 et IIB8) seront présentées. L'exploitation de ces mesures permettra d'optimiser l'épaisseur de la couche sensible à déposer à la surface des microstructures. Enfin, une comparaison de nos capteurs, en termes de limite de détection, avec un exemple de capteur cité dans la bibliographie (Chapitre I) conclura le chapitre.

1. Banc de dilution

Pour effectuer des mesures sous environnement de vapeur d'éthanol, nous avons réalisé une cellule de test étanche en téflon s'adaptant au support utilisé pour l'actionnement piézoélectrique ou électromagnétique des micropoutres (vus au chapitre III) mais également compatible avec les raccordements de la ligne à gaz du Laboratoire IXL (Figure IV.16).

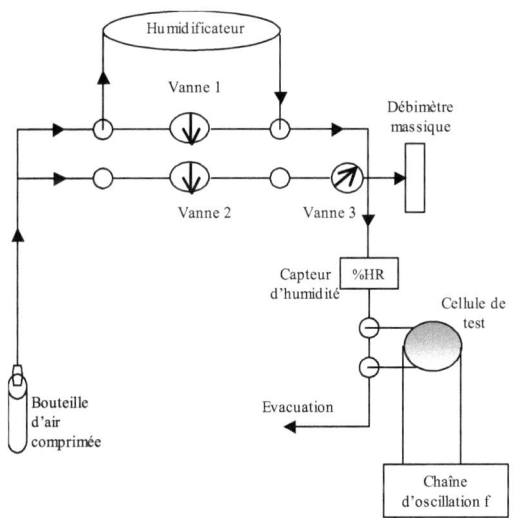

Figure IV.16. Synoptique simplifié de la ligne à gaz

La partie de la ligne qui nous permet de générer des vapeurs d'éthanol est appelée « humidificateur ». Ce dernier est constitué d'un ballon contenant de l'éthanol, placé dans un bain-marie à température régulée. L'air vecteur barbote dans ce ballon et se charge de vapeurs d'éthanol suivant la température du bain fixée par l'utilisateur.

Sur la ligne à gaz, le réglage du pourcentage d'éthanol est possible par dilution de l'air chargé d'éthanol (issu du ballon) dans de l'air sec : le flux d'air se divise en deux parties, l'une passe dans la ligne d'air sec contrôlé par la vanne 3 réglable manuellement, l'autre transite par le ballon d'éthanol de l'humidificateur. Les vannes 1 et 3 permettent donc de créer des échelons d'éthanol de concentration variable (Figure IV.16) tel que :

$$\text{\% éthanol} = \frac{\text{Débit}_{\text{Coté alcool}}}{\text{Débit}_{\text{total air sec}}} \times \text{\% éthanol}_{\text{au dessus du bain}} = \frac{\text{Débit}_{\text{Coté alcool}}}{\text{Débit}_{\text{total air sec}}} \frac{P_{V_s}(T_{\text{bain}})}{P_{\text{atm}}(T_{\text{ambiante}})} \quad (\text{IV}.15)$$

Où : $P_{V_s}(T_{\text{bain}})$ est la pression partielle de vapeur saturante à la température du bain marie, $P_{\text{atm}}(T_{\text{ambiante}})$ est la pression atmosphérique à température ambiante (760mmHg).

2. Mesures

Pour tous les tests expérimentaux, les micropoutres sont montées dans la cellule de test et sont en configuration oscillateur. Une fois la cellule placée dans la ligne à gaz, le capteur est laissé sous balayage d'air sec jusqu'à stabilisation de l'oscillateur. La série de mesures a été effectuée sur deux types de structures épaisses ($h_1 = 90\mu m$) IIC5 et IIB8 et nous a permis de montrer la possibilité d'effectuer des détections d'éthanol.

La figure IV.17 donne l'allure d'une réponse typique du capteur IIB8 à des échelons d'éthanol croissants puis décroissants, variant de 0.2% à 5%. Nous pouvons noter que la présence d'un gaz dans l'environnement du capteur induit une variation de fréquence, image de la modification de la masse du système due aux phénomènes de sorption des molécules d'éthanol dans le polymère (PEUT). La réponse obtenue permet également de montrer la réversibilité du capteur ainsi que la reproductibilité des écarts de fréquence en fonction du pourcentage d'éthanol. Les deux capteurs testés présentent le même type de réponse.

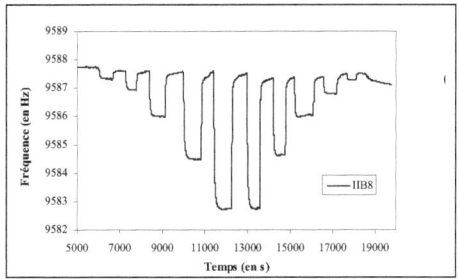

Figure IV.17. Réponse du capteur IIB8 à des échelons d'éthanol de 0.2 à 5% pour une épaisseur de PEUT $h_2=2\mu m$

3. Exploitation des mesures

3.1. Influence de l'épaisseur de couche sensible

Ces premiers résultats très encourageants nous ont conduits à mener une étude plus spécifique sur l'influence de l'épaisseur de la couche sensible. Nous avons donc pour les deux types de capteurs IIC5 et IIB8 relevé la variation de fréquence (f_0-f) pour trois épaisseurs différentes, $h_2 = 1\mu m$, $2~\mu m$ et $4~\mu m$. Les courbes obtenues pour la microstructure IIC5 (Figure IV.18) font apparaître une augmentation de la variation de fréquence quasi linéaire avec la concentration d'éthanol. Nous pouvons aussi remarquer que le doublement de l'épaisseur de la couche sensible se traduit par une variation de fréquence dans quasiment les mêmes proportions. Par exemple, pour une concentration d'éthanol de 5%, la variation de fréquence passe de 5.21 Hz pour une épaisseur de couche sensible de 1µm jusqu'à 8.64 Hz pour le double d'épaisseur ($h_2 = 2\mu m$) et 14.76 Hz pour une épaisseur de 4 µm.

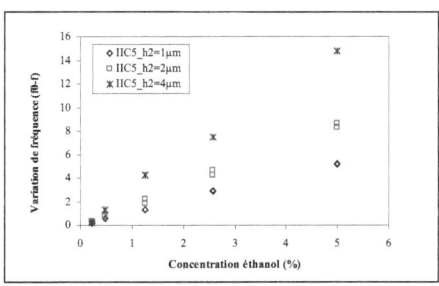

Figure IV.18. Variation de fréquence en fonction de la concentration d'éthanol pour le capteur IIC5 et pour différentes épaisseurs de PEUT

Notons d'autre part que d'après les résultats théoriques (équation IV.14) et comme le montre la figure IV.18 la sensibilité à la concentration de gaz augmente avec l'épaisseur de polymère h_2. Cela nous permet d'envisager d'augmenter la réponse des capteurs et d'améliorer encore la sensibilité en augmentant l'épaisseur (Figure IV.19). Pour cela le même type de détection d'éthanol a été effectué à l'aide de la structure IIC5 recouverte de 21 µm de PEUT.

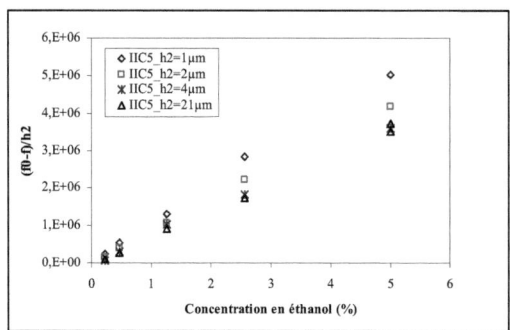

Figure IV.19. Variation de fréquence normalisée par rapport à l'épaisseur en fonction du pourcentage d'éthanol

La figure IV.19 représente la variation de fréquence normalisée par rapport à l'épaisseur de polymère h_2 en fonction du pourcentage d'éthanol et confirme qu'à partir d'une épaisseur de polymère au moins égale à 4 µm le rapport de proportionnalité entre l'épaisseur et la variation de fréquence est respecté.

3.2. Influence de la fréquence

Comme nous l'avons déjà souligné lors de l'étude théorique (équation IV.14) la sensibilité à la concentration de gaz S_{Cg}^f est proportionnelle à la fréquence de résonance f_0. Pour une épaisseur de polymère fixée de 2µm, nous avons tracé pour les deux types de capteurs IIB8 et IIC5 la variation en fréquence en fonction de la concentration d'éthanol (Figure IV.20). La structure IIC5 résonant à 17.7 kHz montre une meilleure sensibilité que la structure IIB8 dont la fréquence de résonance est égale à 9.5 kHz : en effet, pour une concentration en éthanol de 5% la variation de fréquence obtenue pour IIC5 vaut 8.6 Hz contre 4.7 Hz pour la poutre IIB8. Nous obtenons donc des résultats en conformité avec les calculs théoriques (rapport identique égal à 1.8 entre les fréquences de résonance au repos et entre les mesures).

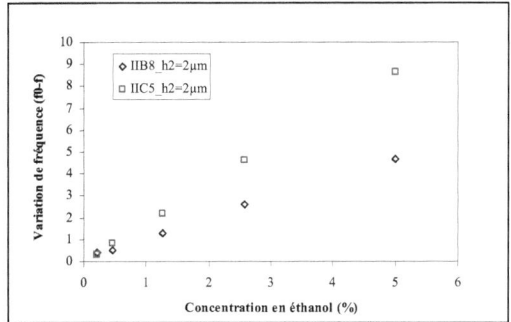

Figure IV.20. Variation de fréquence en fonction de la concentration en éthanol pour les capteurs IIB8 et IIC5 avec une épaisseur de PEUT de 2µm

3.3. Calcul de la sensibilité à la concentration de gaz

La synthèse des résultats expérimentaux montre que la sensibilité à la concentration de gaz augmente :

- de façon proportionnelle avec la fréquence de résonance f_0 de la structure (Figure IV.20),
- avec l'épaisseur h_2 de polymère déposé (Figure IV.18) et de façon quasi-proportionnelle (Figure IV.19).

Nous allons donc vérifier si ces résultats se corrèlent avec les résultats prédits par le modèle théorique.

Pour chaque épaisseur, la réponse du capteur IIC5 a été mise à plat afin de s'affranchir de la légère dérive du signal que l'on visualise sur la figure IV.17. La figure IV.21 en donne une illustration pour une épaisseur de 4µm. L'exploitation des courbes ainsi obtenues a consisté à déterminer les variations en fréquence du signal. L'extraction de ces valeurs permet ensuite de calculer expérimentalement la sensibilité à la concentration de gaz S_{Cg}^f.

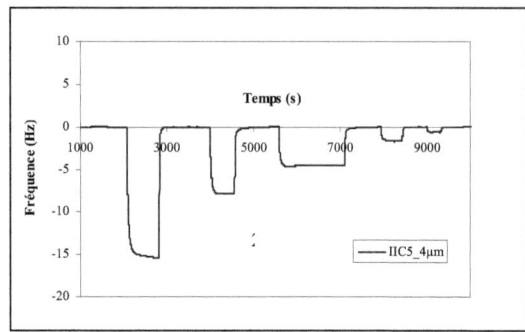

Figure IV.21. Mise à plat de la réponse du capteur IIC5 à des échelons d'éthanol pour une épaisseur de couche sensible h_2=4μm

La mesure de la variation en fréquence du signal Δf_{signal} correspond au décalage en fréquence lorsque le capteur est soumis à différents échelons (0.2 à 5%) d'éthanol. La sensibilité à la concentration de gaz peut alors se déduire :

$$S_{C_g}^f = \frac{\Delta f_{signal}}{C_g} \qquad (IV.16)$$

Où : C_g est la concentration d'éthanol (0.2% à 5%) que l'on peut générer avec la ligne à gaz.

Cette sensibilité déduite des mesures est ensuite comparée (Tableau IV.5) à la sensibilité calculée par le modèle théorique suivant l'expression (dans cette expression la masse de la couche sensible n'a pas été négligée) :

$$S_{C_g}^f = \frac{K h_2 f_0}{2\rho_1 h_1 \left(1 + \frac{\rho_1 h_1}{\rho_2 h_2}\right)^{3/2}} \qquad (IV.17)$$

Les résultats prédits par le modèle analytique (avec K=1000) sont confirmés par les mesures.

Epaisseur	h_2 = 1μm	h_2 = 2μm	h_2 = 4μm	h_2 = 21μm
$S_{C_g}^f$ (Hz/Kg.m³) mesurée	53	82	147	726
$S_{C_g}^f$ (Hz/Kg.m³) calculée	44	89	173	799

Tableau IV.5. Comparaison pour la sensibilité à la concentration de gaz entre les mesures et la théorie

3.4. Calcul du coefficient de partage

En assumant le fait que la variation de fréquence induit par l'adsorption de molécules d'éthanol dans la couche est essentiellement due à un effet de masse, à partir de l'expression de la sensibilité S_{Cg}^f (équation IV.17), nous pouvons déduire l'expression du coefficient de partage tel que :

$$K = -2\frac{\rho_1 h_1}{f_0 h_2}\left(1 + \frac{\rho_2 h_2}{\rho_1 h_1}\right)^{3/2} S_{Cg}^f \qquad (IV.18)$$

A partir de cette équation et des valeurs de S_{Cg}^f mesurées (Tableau IV.5) une estimation du coefficient de partage est (Tableau IV.6).

Epaisseur h_2 (µm)	1	2	4	21
K(IIC5)	1179	902	759	848
K(IIB8)		1160	1111	

Tableau IV.6. Valeur des coefficients de partage pour les deux capteurs

Les résultats obtenus pour le coefficient de partage sont en accord avec les valeurs que nous attendions (Figure IV.2), [4] et correspondent à la valeur de 1000 prise pour le modèle. Le fait que K diminue lorsque h_2 augmente indique certainement que pour des épaisseurs importantes la sorption ne se fait pas de façon uniforme dans toute la couche.

La concentration en éthanol est certainement moins importante en profondeur de la couche, ceci pouvait également être déduit du fait de la légère perte d'efficacité entre 1 et 4µm (Figure IV.19).

3.5. Limite de détection

La variation Δf_{bruit} est obtenue en calculant l'écart type de la variation de fréquence sur un intervalle de temps de 60s lorsque le capteur n'est plus sous environnement d'éthanol (0%), (Figure IV.22).

CHAPITRE 4

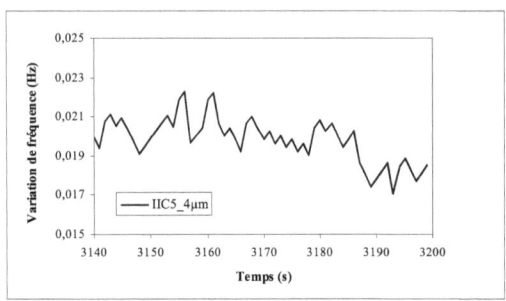

Figure IV.22. Variation de fréquence due au bruit pour un intervalle de temps de 60s

A partir des mesures de Δf_{bruit} et de $S_{C_g}^f$, la limite de détection $C_{g_{min}}$ est calculée en fonction des différentes épaisseurs telle que :

$$C_{g_{min}} = \frac{3\Delta f_{bruit}}{S_{C_g}^f} \qquad (IV.19)$$

Les résultats issus des mesures sont présentés dans le Tableau IV.7.

Epaisseur	$h_2 = 1\mu m$	$h_2 = 2\mu m$	$h_2 = 4\mu m$	$h_2 = 21\mu m$
Δf_{bruit} (Hz)	0.0008	0.003	0.0011	0.015
$C_{g_{min}}$ estimée (ppm)	22	54	11	30

Tableau IV.7. Calcul de la limite de détection pour le capteur IIC5 pour plusieurs épaisseurs de couche

Notons qu'avec une stabilité (Δf_{bruit}) allant de quelques millième de Hertz à quelques centièmes de Hertz, une concentration de gaz minimale allant de 11 ppm à 54 ppm est détectable pour le capteur IIC5. Une remarque peut être faite concernant l'épaisseur $h_2 = 2$ µm où le bruit est anormalement plus élevé : un mauvais réglage de l'oscillateur à pu conduire à un signal davantage bruité. Nous avons montré d'une part que la sensibilité augmente quasi linéairement avec l'épaisseur mais d'autre part que le bruit augmente aussi avec l'épaisseur. Comme le montre les résultats présentés dans le Tableau IV.7, il existe une épaisseur de couche pour laquelle la limite de détection est minimale. Dans le cas du capteur IIC5, il existe un optimum d'épaisseur entre 4 et 21 µm pour lequel la limite de détection sera inférieure à 11 ppm.

3.6. Temps de réponse

Pour estimer les temps de réponse du capteur IIC5, nous avons tracé, pour les quatre épaisseurs de polymère, les fronts en adsorption (Figure IV.23).

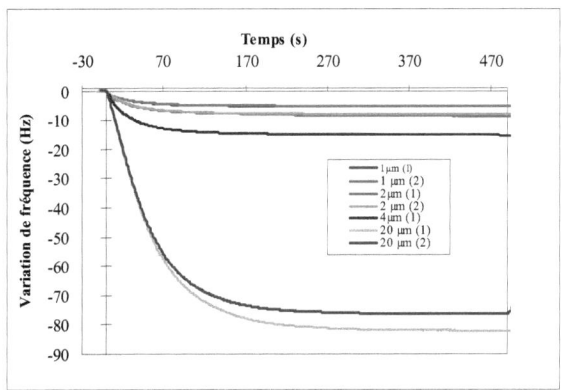

Figure IV.23. Réponse zoomée de l'adsorption du capteur IIC5 pour les différentes épaisseurs

Le temps de réponse, qui par définition correspond à l'intervalle de temps pour lequel le signal passe de 10% à 90% de la réponse maximale, est ensuite déterminé à partir de la figure IV.24 représentant la variation de fréquence normalisée pour chaque épaisseur.

Les temps de réponse obtenus sont de l'ordre de 90 secondes pour les trois premières épaisseurs comprises entre 1 et 4µm, alors que pour une épaisseur de 21µm il vaut 111 secondes. L'écart des temps de réponse entre les deux zones d'épaisseurs s'explique par le fait que pour de faibles épaisseurs c'est le temps de réponse de la chambre de mesure qui prédomine. Par contre, à partir d'une épaisseur importante ($h_2 = 21$µm) le temps d'adsorption de l'éthanol dans la couche sensible devient plus important que le temps de réponse de la couche sensible.

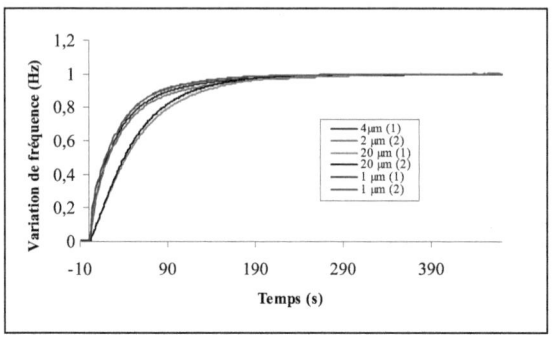

Figure IV.24. Variation de fréquence normalisée en fonction du temps pour différentes épaisseurs pour les fronts d'adsorption

Fort de toutes les interprétations établies à partir des mesures expérimentales, nous pouvons suggérer qu'il est intéressant, pour l'application du capteur en milieu gazeux, de choisir des microstructures dont la fréquence de résonance est élevée, et de déposer une épaisseur de couche sensible inférieure à 20µm, pour limiter le bruit de l'oscillateur et induire des temps de réponses rapides.

VI. Comparaison des performances avec d'autres capteurs

Pour situer les performances de nos microcapteurs chimiques ainsi réalisés pour la détection de vapeur d'éthanol, il nous a semblé intéressant de les comparer particulièrement à ceux effectués par Hagleitner *et al* et son équipe de recherche du Physical Electronics Laboratory de l'ETH, Zurich, [6]. Dans ce cas d'étude les poutres fabriquées en silicium ont une surface active de 0.0025 mm^2 (150µm*150µm*10µm), une fréquence de résonance de 380 kHz. La couche sensible déposée à la surface des poutres est le polymère PEUT (polyétheruréthane) dont l'épaisseur est égale à 4µm. Enfin, comme montré dans le chapitre I, le capteur a été soumis à des concentrations en éthanol de 1200 et 3000 ppm puis à des concentrations en toluène de 1000 et 3000 ppm.

Le tableau IV.8 récapitule les résultats comparatifs des deux types de capteurs pour la détection de vapeurs d'éthanol et de toluène.

CHAPITRE 4

	Fréquence (kHz)	Surface (mm^2)	Masse limite (pg)	Limite de détection Ethanol (ppm)	Limite de détection Toluène (ppm)
Hagleitner	380,0	0,0225	2	11	1,8
IIC5	17,7	1,4	127	11	

Tableau IV.8. Comparatif des résultats

Pour les vapeurs d'éthanol les limites de détection des deux capteurs sont identiques, la seule différence provient des masses limites de détection : 2 pg contre 127 pg pour nos microcapteurs. Cet écart est directement lié aux dimensions des structures allant de la taille micrométrique à la taille millimétrique. Les capteurs réalisés par Hagleitner *et al* sont en effet plus sensibles à la masse mais restent, en termes de détection (concentration) équivalents à ceux qui ont été réalisés au cours de la thèse. Cette comparaison est d'autant plus intéressante qu'elle permet de prédire la limite de détection (1.8 ppm) que nous pourrions avoir avec des vapeurs de toluène. La différence notable entre les deux composés organiques vient du fait que l'éthanol a une masse molaire plus petite que le toluène (46g.mol^{-1} contre 92g.mol^{-1}) et que coefficient de partage est également plus faible pour l'éthanol que pour le toluène (1000 contre 3000).

En conclusion, l'utilisation du capteur IIC5 de 90μm d'épaisseur avec une couche sensible de PEUT de 4μm devrait permettre d'atteindre des limites de détection pour le toluène de l'ordre du ppm. L'augmentation de l'épaisseur de PEUT devrait également permettre de descendre en dessous du ppm mais, comme nous l'avons vu dans le paragraphe précédent, à cause du bruit une trop forte augmentation de cette épaisseur détériorerait la limite de détection et dégraderait le temps de réponse du capteur.

CHAPITRE 4

VII. Conclusion

La première partie de ce chapitre est dédiée à la couche sensible et met en évidence son rôle déterminant dans la réalisation d'un microcapteur chimique. L'étude du coefficient de partage, paramètre clé des interactions couche sensible/espèces gazeuses, a montré au travers de la méthode d'enthalpie libre de dissolution (LSER) les critères de sélection de la couche en étudiant toutes les interactions moléculaires. Au final, la couche sensible sera sélective aux espèces gazeuses à caractère basique si elle même présente un caractère acide. Par contre, dans le cas d'un gaz de nature polaire la combinaison des phénomènes antagonistes ne s'applique plus et la couche devra être elle aussi de nature polaire mais également faiblement basique. Après l'étude sur les mécanismes d'interactions entre la couche sensible et l'espèce gazeuse à détecter, la deuxième partie de ce chapitre s'est focalisée sur le choix des polymères pour la détection de composés organiques volatils (COV). Les résultats concluants pour l'utilisation du Polyétheruréthane (PEUT) en tant que couche sensible pour la détection d'éthanol a amené la description de la technique de dépôt utilisée ainsi que le banc de dépôt. Pour caractériser la couche sensible ainsi déposée, des mesures de l'épaisseur ont été réalisées au profilomètre optique. Les mesures expérimentales ont ensuite été comparées aux épaisseurs calculées à l'aide du modèle analytique. La concordance des résultats a validé le fait qu'après chaque dépôt l'épaisseur de polymère déposé pouvait être estimée par le calcul de la variation de la fréquence de résonance. Dans la quatrième partie, l'étude de l'influence de la couche sensible a mis en évidence l'effet de masse induit par le dépôt du polymère à la surface de la micropoutre ainsi que la linéarité et la reproductibilité du dépôt. Connaissant l'ordre de grandeur du coefficient de partage relatif au couple PEUT / éthanol, la sensibilité à la concentration de gaz a pu être estimée. Les premiers essais effectués à la ligne à gaz du Laboratoire IXL ont montré le bon fonctionnement des capteurs chimiques vibrants ainsi réalisés. Les résultats obtenus ont ensuite été comparés avec les modèles analytiques développés et ont permis de valider les mises en équation effectuées. Enfin, la comparaison des performances du capteur testé (IIC5) avec celles d'un autre capteur étudié dans la synthèse bibliographique (Hagleitner *et al*) nous a laissé présager la possibilité de descendre, en termes de seuil de détection, en dessous de la dizaine de ppm pour des vapeurs d'éthanol.

Références

[1] J.W. Grate, M.H. Abraham, Solubility interactions and the design of chemically selective sorbent coatings for chemical sensors and arrays, *Sensors and Actuators B, 3, pp. 85-111, (1991)*.

[2] R.A. Mc Gill, M.H. Abraham, J.W. Grate, Choosing polymer coating for chemical sensor, *Chemtec, pp. 27-37, (1994)*.

[3] C. Demathieu, M.M. Chemini, J.F. Lipskier, Inverse gas chromatographic characterization of functionalized polysiloxanes, *Sensors and Actuators B, 62, pp. 1-7, (2000)*.

[4] D. Lange, O. Brand, H. Baltes, CMOS cantilever sensor systems, *Atomic-Forcemicroscopy and Gas Sensing, (Berlin, Springer), 142 pp, (2002)*.

[5] R. Zhou, U. Weimar, K.D. Schierbaum, K.E. Geckeler, W. Gopel, Gravimetric, dielectric and calorimetric methods for the detection of organic solvent vapors using polyetherurethane coatings, *Proceeding of Transducers, 2, pp. 833-836, (1995)*.

[6] C. Hagleitner, A. Hierlemann, D. Lange, A. Kummer, N. Kerness, O. Brand, H. Baltes, Smart single-chip gas sensor microsystem, *Nature, vol. 414, pp. 293-296, (2001)*.

CONCLUSION

Ce sujet de thèse s'inscrit dans la thématique de recherche de l'équipe Capteurs Microsystèmes du Laboratoire IXL : les travaux menés ont participé au développement au sein de cette équipe d'un nouveau mode de transduction pour la réalisation de microcapteurs chimiques en milieu gazeux.

Centré sur la modélisation et la confrontation à l'expérimentation, ce travail s'est déroulé en collaboration avec les technologues du groupe ESIEE à Marne la Vallée pour la réalisation des microstructures.

Ayant choisi de restreindre notre étude au régime dynamique, le premier objectif a été de développer un modèle analytique pour décrire le comportement fréquentiel des micropoutres. Par le calcul approché utilisant la méthode de Rayleigh une expression analytique de la fréquence de résonance des micropoutres, constituées d'un plateau à leur extrémité, a été déterminée. L'optimisation du capteur a ensuite consisté à étudier les sensibilités, dont les expressions dérivent du modèle, en fonction des paramètres géométriques comme la taille de la poutre, sa forme ainsi que la nature du matériau qui la constitue. Les résultats obtenus ont montré que l'idée de rajouter un plateau à l'extrémité de la poutre permet d'augmenter la surface active tout en facilitant la mesure de la fréquence de résonance. De plus, pour l'optimisation de la sensibilité il est plus intéressant de déposer de la couche sensible sur la totalité de la poutre et non pas uniquement sur le plateau situé à son extrémité.

Dans le cadre de notre étude, l'électronique qui a été choisie pour le système de traitement de l'information est un oscillateur dont la fréquence d'oscillation est calée sur la fréquence de résonance de la poutre. Une étude théorique des performances du capteur, en tenant compte du bruit de l'oscillateur a donc été nécessaire. Ainsi, l'étude du rapport signal sur bruit et de la limite de détection a montré que la structure la plus performante n'était pas forcement celle dont la fréquence de résonance était la plus élevée et nous a ainsi mené à maximiser le rapport Q/h_1 (facteur de qualité sur l'épaisseur de la structure). Fort de ces résultats, il est apparu nécessaire de considérer l'épaisseur h_1 de la poutre comme un paramètre important dans l'optimisation du capteur. Enfin, les résultats théoriques combinés aux mesures expérimentales réalisées au chapitre III ont montré que l'utilisation de poutres fines d'épaisseur 5µm, bien que résonants à basses fréquences, pouvaient être intéressantes.

CONCLUSION

Désireux de détecter des vapeurs d'éthanol le choix de la couche sensible s'est porté sur un matériau polymérique de la famille des polyuréthanes : le PEUT (polyétheruréthane). Après avoir montré que ce polymère pouvait être déposé à la surface des structures par une méthode de pulvérisation décrite au chapitre IV, nous nous sommes intéressés à la caractérisation de cette couche. Assumant le fait qu'au cours d'un dépôt la variation relative de fréquence pouvait être considérée comme indépendante des propriétés mécaniques du polymère (module d'Young), nous avons montré qu'il était possible d'estimer l'épaisseur de polymère déposé en calculant simplement après chaque dépôt la variation de la fréquence de résonance.

Les premiers essais de détection effectués à l'aide de la ligne à gaz du Laboratoire IXL ont non seulement permis de valider le bon fonctionnement des capteurs ainsi réalisés, mais ont également montré la dépendance de la sensibilité avec la fréquence de résonance et l'épaisseur de la couche sensible. Enfin, nous avons montré que dans le cas du capteur IIC5, de dimensions millimétriques, la limite de détection pour l'éthanol égale à 11 ppm est comparable à celle obtenue pour des capteurs de tailles micrométriques réalisés par l'équipe de Hagleitner *et.al* (Zurich). Ceci nous permet donc d'envisager la possibilité d'atteindre avec ce capteur des seuils de détection de l'ordre du ppm pour le toluène.

Le résultat de ce travail a montré la faisabilité d'utiliser des micropoutres en silicium pour réaliser un microcapteur chimique en milieu gazeux, mais, plus encore, il ouvre un vaste champ d'investigation pouvant mener par exemple à développer un dispositif dédié à une application donnée. Une des perspectives envisagée pour augmenter les performances du capteur est d'exciter la microstructure à des ordres supérieurs, augmentant ainsi la fréquence de fonctionnement du capteur sans en diminuer les dimensions. Cette alternative possible, non présentée dans ce manuscrit, a fait l'objet d'une publication. Une autre perspective concerne l'amélioration de l'électronique qui pourra être obtenue en développant un oscillateur propre à chaque structure. La diminution du bruit permettra d'atteindre des seuils de détection plus bas. A terme, afin de répondre à un cahier des charges fixé une couche spécifique devra être choisie et testée vis à vis des espèces à détecter et des interférents possibles.

Oui, je veux morebooks!

i want morebooks!

Buy your books fast and straightforward online - at one of world's fastest growing online book stores! Environmentally sound due to Print-on-Demand technologies.

Buy your books online at
www.get-morebooks.com

Achetez vos livres en ligne, vite et bien, sur l'une des librairies en ligne les plus performantes au monde!
En protégeant nos ressources et notre environnement grâce à l'impression à la demande.

La librairie en ligne pour acheter plus vite
www.morebooks.fr

VDM Verlagsservicegesellschaft mbH
Heinrich-Böcking-Str. 6-8   Telefon: +49 681 3720 174   info@vdm-vsg.de
D 66121 Saarbrücken   Telefax: +49 681 3720 1749   www.vdm-vsg.de

Printed by Books on Demand GmbH, Norderstedt / Germany